画说三农书系
HUA SHUO SAN NONG SHU XI

『十三五』国家重点图书出版规划项目

● 张介驰 主编

画说黑木耳

优质高效生产技术

U0348253

中国农业科学技术出版社

图书在版编目（CIP）数据

画说黑木耳优质高效生产技术 / 张介驰主编 . —北京：中国农业科学技术出版社，2020.9

ISBN 978-7-5116-4926-3

Ⅰ．①画… Ⅱ．①张… Ⅲ．①木耳—栽培技术 Ⅳ．①S646.6

中国版本图书馆 CIP 数据核字（2020）第 147181 号

责任编辑　于建慧
责任校对　马广洋

出 版 者　中国农业科学技术出版社
　　　　　北京市中关村南大街12号　　　邮编：100081
电　　话　（010）82109708（编辑室）（010）82109702（发行部）
　　　　　（010）82109709（读者服务部）
传　　真　（010）82109708
网　　址　http://www.CASTP.cn
经 销 者　各地新华书店
印 刷 者　北京富泰印刷有限责任公司
开　　本　880mm×1 230mm　1/32
印　　张　3.75
字　　数　100千字
版　　次　2020年9月第1版　2020年9月第1次印刷
定　　价　30.00元

《画说黑木耳优质高效生产技术》

编委会

《画说『三农』书系》序

　　农业、农村和农民问题，是关系国计民生的根本性问题。农业强不强、农村美不美、农民富不富，决定着亿万农民的获得感和幸福感，决定着我国全面小康社会的程度和社会主义现代化的质量。必须立足国情、农情，切实增强责任感、使命感和紧迫感，竭尽全力，以更大的决心、更明确的目标、更有力的举措推动农业全面升级、农村全面进步、农民全面发展，谱写乡村振兴的新篇章。

　　中国农业科学院是国家综合性农业科研机构，担负着全国农业重大基础与应用基础研究、应用研究和高新技术研究的任务，致力于解决我国农业及农村经济发展中战略性、全局性、关键性、基础性重大科技问题。根据习总书记"三个面向""两个一流""一个整体跃升"的指示精神，中国农业科学院面向世界农业科技前沿、面向国家重大需求、面向现代农业建设主战场，组织实施"科技创新工程"，加快建设世界一流学科和一流科研院所，勇攀高峰，率先跨越；牵头组建国家农业科技创新联盟，联合各级农业科研院所、高校、企业和农业生产组织，共同推动我国农业科技整体跃升，为乡村振兴提供强大的科技支撑。

组织编写《画说"三农"书系》，是中国农业科学院在新时代加快普及现代农业科技知识，帮助农民职业化发展的重要举措。我们在全国范围遴选优秀专家，组织编写农民朋友用得上、喜欢看的系列图书，图文并茂地展示先进、实用的农业科技知识，希望能为农民朋友提升技能、发展产业、振兴乡村作出贡献。

中国农业科学院党组书记　张合成

2018年10月1日

　　黑木耳（*Auricularia heimuer* F. Wu，B. K. Cui，Y. C. Dai）是我国传统食用菌，采食历史悠久。人工栽培先后经历了孢子自然接种、孢子液人工喷洒接种、纯菌接种段木栽培和纯菌接种代料栽培等发展阶段。其中代料栽培经过瓶栽、块栽、床栽和袋栽等不同模式的研究探索和生产实践，已确定形成了以木屑、棉籽壳和玉米芯等为主要原料，以聚乙（丙）烯塑料袋为容器，以露地和棚室为栽培场所的袋栽生产模式，并在全国各地广泛应用。

　　黑木耳产业是以农林副产物为原料生产优质健康食品的生态产业，是农业循环经济的重要组成部分，是农民脱贫致富、惠及"三农"的优势产业。同时，黑木耳产品的营养作用和保健功效日益得到认同，产品消费空间日益得到拓宽。在技术进步、政策扶持和市场需求的共同推动下，我国黑木耳生产规模日益壮大。据中国食用菌协会统计，2018年，我国黑木耳折鲜品产量已达到近670万吨。

　　产业规模扩大造成了木质原料紧张、用工成本提高和产品销售压力增大，迫切需要提高栽培技术水平以提高黑木耳对原料的适应性和利用率、提高黑木耳生产和产品质量的可控性，依靠技术创新实现黑木耳栽培产业由规模效益型向质量效益型转变。

本书为编者结合多年科研工作积累和生产一线调研所得，同时参考了大量文献材料，编写完成本书。本书黑木耳栽培技术的论述是以对其栽培生理特性的认识为基础，以东北地区短袋露地和棚室栽培实践为主要参考，不拘泥具体操作方法，力求从满足黑木耳高效生长的目的去阐述相关技术。本书既有生产实践经验的集成总结，也有栽培管理技术的创新，具有实用性和可操作性，可为不同层次的黑木耳栽培生产者提供启迪和帮助。

本书由国家食用菌产业技术体系组织编写，编撰过程中得到了国家食用菌产业技术体系各位专家的大力支持，在此一并致谢！

由于我国黑木耳生产规模大、品种多、栽培地域气候复杂，加之编者水平有限、编写时间紧张，本书对黑木耳栽培技术的论述难免存在不当之处，欢迎广大读者批评指正。

目　录

第一章　概　述

第一节　黑木耳分类地位

黑木耳（*Auricularia heimuer* F. Wu，B. K. Cui，Y. C. Dai）又称云耳、光木耳、细木耳等，隶属于担子菌门（Basidiomycota）伞菌亚门（Agaricomycotina）伞菌纲（Agaricomycetes）木耳目（Auriculariales）木耳科（Auriculariaceae）木耳属（*Auricularia*）（吴芳等，2014；2015），是一种典型的胶质真菌，木耳属模式种。广泛分布在世界的热带、亚热带、温带地区，主要分布在温带和亚热带海拔500～1 000m的山区森林中。我国黑木耳野生资源十分丰富，北起黑龙江、吉林，南到海南岛，西至陕西、甘肃，东至福建、台湾，20多个省（区、市）都有分布（李玉，2001）。

野生黑木耳子实体形态　　　　　野生黑木耳子实体干缩状态

木耳属分种检索表

木耳属分种检索表（引自李玉，2001）

1. 担子果平伏而反卷，具非胶质盖、子实体胶质
  2. 表面近白色……………………………………………… 毡盖木耳 *A. mesentrica*
  2. 表面红褐色……………………………………………… 褐毡木耳 *A. rugosissima*
1. 担子果基部狭窄，全部胶质
  3. 子实体白色
    4. 子实层明显褶皱…………………………………… 象牙白木耳 *A. ebrnea*
    4. 子实层面平滑…………………………… 银白木耳 *A. polytricha* var. *argentea*
  3. 子实体非白色，褐色至红褐色等
    5. 子实体盘状，碗状或浅杯状
      6. 背面毛明显，长于180μm以上…………………… 角质木耳 *A. cornea*
      6. 背面毛不明显，短于180μm…………………… 盾形木耳 *A. peltata*
    5. 子实体非盘状或碗状，耳片状或莲座状
    7. 子实体脆骨质，子实层面成网络状
      8. 表面白色至污白色…………………………………… 皱木耳 *A. delicata*
      8. 表面暗紫色或紫褐色…………………………… 黑皱木耳 *A. moellerii*
    7. 子实体胶质，表面光滑或稍有皱纹
      9. 背面有明显的网单方面突起………………… 网脉木耳 *A. reticulata*
      9. 背面无网状突起
        10. 耳片薄，仅1mm左右………………… 琥珀木耳 *A. fuscosuccina*
        10. 耳片较厚，至少在1mm以上
          11. 背面毛同心环状排列，表面有两叉状脉突……… 美丽木耳 *A. ornata*
          11. 无上述特征组合
            12. 背面毛不明显，长不超过150μm………… 黑木耳 *A. auricula*
            12. 背面毛明显，长于400μm ……………… 毛木耳 *A. polutricha*

第二节　黑木耳营养价值及功效作用

    黑木耳营养丰富、滑脆爽口，是高蛋白、低脂肪、低热量、多功效的健康营养食品。黑木耳富含蛋白质、脂肪、碳水化合物及

钙、磷、铁等矿物质、维生素和人体必需氨基酸。由于栽培原料等因素影响，黑木耳营养成分含量存在差异，如每100g黑木耳中含蛋白质10.6～17.7g、脂肪0.2～2.6g、碳水化合物43.9～65.6g等，铁和钙含量较为丰富。

传统医学记载，黑木耳"性平、味甘"，可"益血不饥，补胃理气，轻身强志，破血止血"，《食疗本草》记载黑木耳有"利五脏、排毒气"之功效。《全国中草药汇编》中也阐述黑木耳可"补气血，润肺，止血"，具有治疗"气虚血亏，四肢搐搦，肺虚咳嗽，咯血，吐血，崩漏，便秘"之功效。

现代医学研究证明，黑木耳具有提高免疫力、抗衰老、抗癌、抗辐射、抗血栓形成、降血脂、降血糖，提升肠胃消化功能等功效，这些功效作用主要源于黑木耳中多糖、腺苷、黑色素、胶质、植物碱、脂类及维生素等成分。

黑木耳多糖是最主要的活性成分，可促进抗凝血酶对凝血酶活性的抑制，抑制血栓形成及血小板凝集，增强纤溶酶活性，防治心脑血管疾病；同时通过显著降低脂蛋白酯酶活性和增加胰岛素分泌，起到降血脂和降血糖作用；促进免疫细胞核酸生物合成和增殖，诱导免疫功能相关细胞因子表达，起到抗炎抑菌、抗病毒、抗癌作用；提高超氧化物歧化酶活力和谷胱甘肽过氧化物酶活力，保护和修复损伤细胞，具有抗氧化、抗衰老、抗疲劳、抗心肌损伤和抗辐射功效。内含的黑色素能通过清除自由基和抑制脂质过氧化起到抗氧化、抗病毒、抗衰老和增强免疫力作用。黑木耳膳食纤维可以减少胆汁酸的再吸收量，改变食物消化速度和腺体分泌的消化酶量，促进肠胃蠕动，润肠通便、化解结石和美容减肥。胶质成分有较强吸附作用，强效清理消化道中积败食物。植物碱和脂肪可减少或排除有害物质。

20世纪80年代，国内已开始黑木耳用于脑梗塞患者的膳食治疗，解放军208医院、四川达县地区医院、华西医科大学等累计开展百余例黑木耳粉、黑木耳液服用试验，均表现出抑制血小板凝聚和血栓形成等功效。

第三节　黑木耳栽培史

黑木耳是我国人工栽培最早的食用菌（张金霞等，2015）。早在贾思勰的《齐民要术》中有"木耳咀：取枣、槐、榆、柳树边生，犹软湿者，干即不中用，柞木耳亦得"的记载。唐朝苏恭《唐本草注》中记载："煮浆粥安诸木上，以草覆之，即生蕈尔"。明代李时珍《本草纲目》亦称"木耳生于朽木之上，无枝叶，乃湿热余气所生。曰耳曰蛾，象形也，曰鸡，因味似也。"我国劳动人民很早就对木耳采食和生产积累了丰富经验，一直采取自然接种和半自然半人工接种的生产方法，但直到20世纪70年代开始纯菌种接种生产，才实现了真正意义上的人工栽培（姚方杰等，2011）。

黑木耳纯菌种接种人工栽培带动了黑木耳段木栽培管理技术的突破创新，段木由长杆改为短杆、耳场由阴坡改阳坡、出耳由分散自然管理改为集中给水晒场管理，显著提高了生产效率和产品质量。20世纪70年代末和80年代初期开始，以木屑和棉籽壳为基质载体的代料栽培黑木耳技术逐步兴起，基质容器由玻璃瓶发展到塑料袋，开展了林间摆放、棚室挂袋（或层架）、田间套种、露地遮荫（或全光）等多种栽培模式的探索。由于木屑和棉籽壳等代用原料资源丰富、生产成本低、生长周期短和生产效率高等优势，黑木耳代料栽培规模逐步增加。进入21世纪以来，代料袋栽黑木耳技术取

黑木耳成分含量（1）（以每100g可食部计）
（中国食物成分表标准版，2018）

食物名称	烟酸 (mg)	维生素C (mg)	维生素E				钙 (mg)	磷 (mg)	钾 (mg)
			Total (mg)	α-E (mg)	(β+γ)-E (mg)	δ-E (mg)			
木耳（干）（黑木耳，云耳）	2.50		11.34	3.65	5.46	2.23	247	292	757
木耳（水发）（黑木耳，云耳）	0.20	1.0					34	12	52

食物名称	钠 (mg)	镁 (mg)	铁 (mg)	锌 (mg)	硒 (μg)	铜 (mg)	锰 (mg)	备注
木耳（干）（黑木耳，云耳）	48.5	152	97.4	3.18	3.72	0.32	8.86	
木耳（水发）（黑木耳，云耳）	8.5	57	5.5	0.53	0.46	0.04	0.97	

黑木耳成分含量（2）（以每100g可食部计）
（中国食物成分表标准版，2018）

食物名称	食部 (%)	水分 (g)	能量		蛋白质 (g)	脂肪 (g)	碳水化合物 (g)	不溶性膳食纤维 (g)
			(kcal)	(kJ)				
木耳（干）（黑木耳，云耳）	100	15.5	265	1 107	12.1	1.5	65.6	29.9
木耳（水发）（黑木耳，云耳）	100	91.8	27	112	1.5	0.2	6.0	2.6

食物名称	胆固醇 (mg)	灰分 (g)	总维生素A (μgRAE)	胡萝卜素 (μg)	视黄醇 (μg)	硫胺素 (mg)	核黄素 (mg)
木耳（干）（黑木耳，云耳）	0	5.3	8	100	0	0.17	0.44
木耳（水发）（黑木耳，云耳）	0	0.5	2	20	0	0.01	0.05

不同来源地黑木耳营养成分（郭嘉贵，2019）

来源地	灰分（%）	蛋白质（%）	粗脂肪（%）	多糖（%）	粗纤维（%）	氨基酸总量（%）
东宁	5.56	10.65	0.75	7.85	8.13	8.99
伊春	4.69	9.51	0.71	6.99	6.88	8.15
鹤岗	4.58	8.62	0.68	5.12	6.68	6.99
尚志	4.29	6.49	0.50	5.57	6.86	6.56
龙江	3.56	6.6	0.65	7.85	6.10	8.59
安达	4.69	6.58	0.51	5.75	6.85	5.10
牡丹江	5.12	8.63	0.61	5.78	7.01	5.95
长白山	5.61	11.71	0.81	8.85	9.20	9.75
最小值	3.56	6.49	0.50	5.12	6.10	5.10
最大值	5.61	11.71	0.81	8.85	9.20	9.75
平均值	4.76	8.60	0.65	6.72	7.21	7.51
标准差	0.68	1.97	0.11	1.36	0.98	1.61

两种地木耳中基本营养成分含量对比（绝干、X±SD、n=9）（张文平，2016）

基本营养成分	秦岭人工栽培地木耳	松花坝野生地木耳
水分（g/100g）	11.03 ± 0.02	14.04 ± 0.05
灰分（g/100g）	23.84 ± 0.34	10.44 ± 0.13
蛋白质（g/100g）	12.85 ± 0.02	17.45 ± 0.01
粗脂肪（g/100g）	11.30 ± 0.04	11.09 ± 0.01
还原糖（mg/g）	3.53 ± 0.02	12.11 ± 0.04
总糖（mg/g）	35.00 ± 0.06	36.72 ± 0.06
维生素C（mg/100g）	55.86 ± 0.00	81.37 ± 0.00

得了明显的进步，栽培成功率、生物转化率和产品质量都得到大幅提高，黑木耳产业规模迅速增大。据不完全统计，2018年，全国黑木耳产量已达670万吨。目前，袋栽黑木耳已经形成了露地（或林下）全光栽培和棚室挂袋立体栽培两种主要出耳模式，从菌包规格上可分为东北短棒栽培和浙江长棒栽培两种代表模式，从菌包生产方式上可分为分散个体生产和工厂化集中生产两种代表方式。

　　黑木耳菌包工厂化生产为产业发展带来了重大机遇。一方面，传统分散式和作坊式生产模式带来的原辅材料投入品安全管理问题和菌包质量差异问题得到很大改善。另一方面，黑木耳菌包工厂化生产大幅度提高了基质创新性、培养基制备均一性、灭菌处理成功率、生产空间洁净度、生产操作规范性和菌包标准化程度，显著降低了人力物力消耗和资源浪费。棚室挂袋立体出耳不仅可以提高土地利用率，而且可以通过棚室遮荫、防雨、保温和控湿等功能，最大程度地发挥自然气候优势和消减异常气候不利影响，实现出耳时段、周期和季节调整，最终达到提高单袋产量、产品质量和栽培效益的效果。因此，菌包工厂化生产和棚室挂袋出耳已经成为高效优质栽培的重要前提保障，"菌包工厂化生产企业+棚室栽培示范基地"的黑木耳产业发展模式已经在全国广泛启动发展，并取得了很好的示范带动效果。

段木栽培模式

短袋林下栽培模式

短袋露地栽培模式

短袋棚室栽培模式　　　　　长棒露地栽培模式

第二章　黑木耳生物学特性

第一节　形态特征

　　黑木耳子实体呈褐色至黑色，丛生或单生。浅圆盘形、耳形或不规则形。新鲜时胶质、脆嫩且有弹性，干燥后强烈收缩。子实层生于腹凹面，光滑或有皱褶；背面有纤毛，有的具脉状皱褶，颜色浅于腹面。担孢子肾形或者圆棒形，无色，透明度高。其大小（3.51～5.59）μm×（11.20～13.44）μm（张鹏，2011）。孢子印为白色不规则形状。菌丝体在光学显微镜下观察较纤细、呈半透明、有分支，其中，双核菌丝体具有锁状联合，单核菌丝体无锁状联合，较双核菌丝体更为纤细。菌落呈白色，生长整齐。黑木耳菌丝体生长势因品种而异，母种培养时常向培养基内分泌黑色素，色素分泌程度也因品种而异。菌丝浓密度分为浓密型、中等型和稀疏型（陈影等，2014）。不同地区和栽培特点造成黑木耳生理特点和形态有一定差异，主要表现在耳片发生形式、大小、薄厚、色泽、褶皱、绒毛的疏密和长短等。

第二节　繁殖特性与生活史

　　黑木耳属于异宗结合真菌，子实体成熟时在其腹面子实层形成

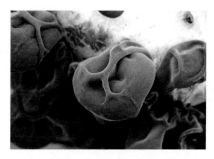

黑木耳子实体背面形态

黑木耳子实体腹面形态

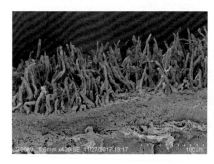

黑木耳子实体背面绒毛

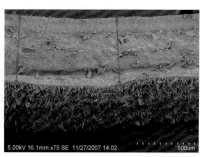

黑木耳子实体切面结构

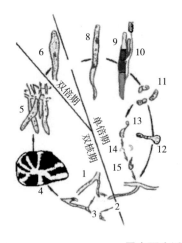

1. 单核菌丝
2. 双核化
3. 双核化菌丝及锁状联合
4. 担子果
5. 幼小的双核担子
6. 核配
7. 减数分裂
8. 幼担子
9. 成熟的担子
10. 着生在小梗上的担孢子
11. 担孢子产生横隔膜
12. 担孢子直接萌发为（＋）或（－）单核菌丝
13. 担孢子间接萌发产生分生孢子
14. 马蹄形分生孢子
15. 分生孢子直接萌发为（＋）或（－）单核菌丝

黑木耳生活史（李玉，2001）

担孢子。担孢子有一个细胞核。担孢子有一个或多个萌发孔，可萌发长出一个或多个芽管，进一步生长为单核菌丝，交配型可亲和的两个单核菌丝结合，形成双核菌丝，具有锁状联合结构。双核菌丝不断生长分化发育形成原基，原基进一步形成子实体，子实体成熟后又产生大量担孢子，这一生长发育过程就是黑木耳有性生活史。有研究发现，黑木耳单核菌丝、双核菌丝均可以产生马蹄状的分生孢子，填补了黑木耳无性生活史空白（张鹏，2011）。

第三节 生长发育条件

一、营养条件

（一）碳源

碳素是黑木耳生长发育所需的重要营养来源，不仅是合成碳水化合物和氨基酸等物质的原料，也是代谢过程的能量来源。黑木耳栽培所需碳源都来自有机物，如纤维素、半纤维素、木质素、淀粉、果胶、戊聚糖类等大分子化合物和单糖、有机酸等小分子化合物，其中，大分子化合物必须通过纤维素酶、半纤维素酶和木质素酶分解成阿拉伯糖、木糖、葡萄糖、半乳糖和果糖后才能被吸收利用，而小分子化合物则可以直接吸收利用。在黑木耳栽培中常用木屑、棉籽壳、玉米秸、蔗糖、葡萄糖等作为碳源。

（二）氮源

氮素是黑木耳生长发育过程中合成氨基酸、蛋白质和核酸的必需原料。黑木耳栽培需要的氮源主要来自于蛋白质、氨基酸、尿素、铵盐等物质，其中，氨基酸、尿素和氨盐等小分子可以直接吸收利用，蛋白质等大分子氮源物质必须经蛋白质酶分解成氨基酸后才能被吸收。在黑木耳栽培中常用麦麸、豆饼粉、蛋白胨、酵母膏等作为氮源。

（三）生长素

生长素是在培养基成分中需求量很少、对黑木耳生长又有显著影响的化合物，如维生素、核酸等生长调节物质。维生素是多种酶的活性基团成分，在马铃薯、酵母膏、豆饼粉、麦麸、米糠等原辅材料中含量丰富，一般不需要额外添加。此外，还有一些生长刺激素对黑木耳菌丝体生长发育有促进作用，如三十烷醇、萘乙酸、吲哚乙酸等。

（四）矿质元素

研究表明，镁、磷、钙、钾、铁等矿质元素对黑木耳生长发育过程存在不同程度的影响，但由于栽培基质中矿质元素含量本底值和存在形式差异很大，还没有充分确定矿质元素的影响机理和作用机理。在生产实践中，适当添加石膏、石灰等物质，既补充矿质元素需求，又起到了缓冲调节培养料酸碱度的作用。

（五）C/N（碳氮比）

C/N（碳氮比）虽然不是黑木耳生长发育的具体营养成分，但作为指导栽培基质组方中碳氮源物质添加比例的依据而被经常提及。基质组方的最佳碳氮比通常根据黑木耳菌丝体和子实体的生长发育效果确定。多篇文献报道称，食用菌生长阶段最适碳氮比为20∶1，子实体生长阶段为（30～40）∶1，刘佳宁等（2014）经测试计算发现，常用黑木耳栽培基质配方（78%木屑、20%麦麸、1%

石膏、1%石灰）的碳氮比约为92∶1。而目前黑木耳栽培中常见的低氮源配方的碳氮比更高，一般要达到（90～120）∶1。可见，确定最佳碳氮比指标不仅要考虑碳氮源添加比例，还要考虑碳氮源形式和种类等多种因素。

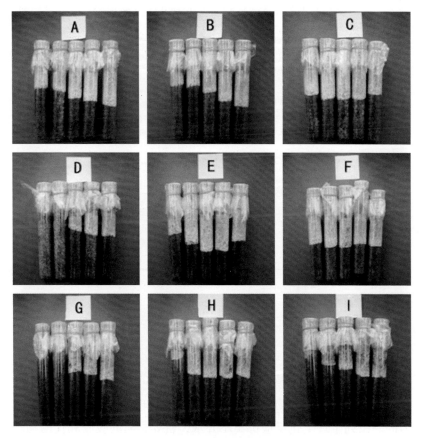

碳氮比对黑木耳菌丝生长影响

注：每幅图中5支试管从左到右碳氮比分别为60∶1，80∶1，100∶1，120∶1和140∶1。

不同碳氮比条件下黑木耳菌丝体微观特征

菌株名称	碳、氮源物质	培养基碳氮比	气生菌丝主干直径（μm）	气生菌丝分枝直径（μm）	数量分枝	锁状联合	是否中空
黑29	木屑 + 麦麸	60∶1	0.76（0.86~1.27）1.41	0.59（0.72~1.10）1.27	+	有	否
		80∶1	0.75（0.85~1.28）1.38	0.57（0.73~1.08）1.28	+	有	否
		100∶1	0.73（0.84~1.27）1.39	0.58（0.71~1.09）1.25	++	有	否
		120∶1	0.73（0.85~1.26）1.40	0.56（0.72~1.11）1.26	+++	有	否
		140∶1	0.74（0.85~1.25）1.39	0.56（0.71~1.05）1.25	+++	有	否
	木屑 + 稻糠	60∶1	0.73（0.88~1.29）1.41	0.58（0.71~1.08）1.31	+	有	否
		80∶1	0.72（0.86~1.28）1.44	0.60（0.72~1.09）1.33	+	有	否
		100∶1	0.69（0.84~1.26）1.42	0.58（0.70~1.08）1.35	++	有	否
		120∶1	0.71（0.85~1.26）1.43	0.57（0.71~1.06）1.34	+++	有	否
		140∶1	0.70（0.83~1.27）1.40	0.58（0.70~1.05）1.32	+++	有	否

注："+++"表示分枝多；"++"表示"表示分枝较多；"+"表示"表示分枝少。

（六）水

水直接参与栽培基质中大分子营养物质的分解反应，是黑木耳生长发育需要的重要物质。水是黑木耳细胞的重要组成部分，机体内的一系列生理生化反应都离不开水，营养物质的吸收和代谢物质的分泌都通过水来完成。水的比热高、导热性好，可以有效控制胞内温度的变化，调节黑木耳子实体干湿交替过程，直接影响栽培过程中黑木耳菌丝体和子实体生长发育。

（七）氧气

氧元素作为微生物好氧呼吸的最终电子受体，参与甾醇类和不饱和有机酸的生物合成。研究表明，充足的氧气供应不仅有利于黑木耳菌丝体和子实体生长，还有利于提高黑木耳对高温等不良环境条件的抗性。

二、环境条件

（一）温度

温度是影响黑木耳生长发育的重要环境因素，直接影响黑木耳菌丝体的生长速度和子实体的生长质量。不同黑木耳品种对温度的耐受性存在较大差异（刘佳宁等，2014）。一般认为，黑木耳属中温型菌类，孢子萌发温度范围为22～32℃，以30℃最适宜；菌丝萌发生长范围为6～36℃，以28～32℃长速最快。菌丝体在15～32℃条件下均能分化发育成子实体，以20～26℃最适宜。黑木耳菌丝体能在-20℃左右低温条件长期保存不致死亡，但在36℃以上高温条件下活力明显下降，极易造成菌丝衰老和死亡。

一般认为，黑木耳属于恒温结实性菌类。子实体生长受温度影响较大，在低温区域内，子实体生长发育慢、生长周期长、耳片色深肉厚、

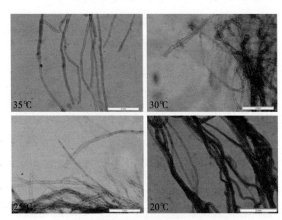

不同温度条件下黑木耳菌丝微观形态

质量优；而在高温区域内，子实体生长发育速度快、易衰老、耳片色淡肉薄、质量差。

（二）湿度

黑木耳栽培环境湿度一般用空气相对湿度（RH）表示，指环境空气中所含水蒸气质量与同温度和气压下饱和空气所含水蒸气质量之比，用以指示环境、基质和子实体中水分挥发趋势。黑木耳菌丝生长阶段所需水分来自培养基，根据基质原料种类和状态不同，一般培养基含水量应在55% ~ 65%，含水量过大过小都会抑制菌丝生长发育。黑木耳子实体生长发育阶段需水量更大。一方面要使子实体吸水和保持膨润状态，维持正常生长代谢；另一方面，要在子实体干缩和停止生长状态时防止菌包内基质过度失

"1"代表35℃培养；"2"代表30℃培养；"3"代表25℃培养；"4"代表20℃培养；"5"代表15℃培养

不同温度条件下黑木耳菌丝表明形态

水。黑木耳子实体生长发育过程需要"干湿交替"环境条件协调基质内菌丝体和菌包外子实体的和谐生长发育过程，促进基质内菌丝进一步消耗基质、积累营养和向子实体部分输送营养，提高基质转化率、产品质量和抑制杂菌病害发生。因此，在黑木耳子实体生长发育阶段，要通过给水、遮荫、通风等方式，调控环境湿度量值和变化频度。研究表明，菌丝培养阶段环境湿度对菌丝发育有影响，在子实体分化阶段，要求空气相对湿度85% ~ 90%（崔学坤，2006）。

（三）光照

黑木耳不同生长发育阶段对光照需求不同。菌丝培养阶段对光照要求不严格，菌丝可在完全黑暗中正常生长。刘佳宁（2014）等研究了光照强度对黑木耳菌丝微观和宏观形态的影响。大多数黑木耳品种的栽培实践表明，光照刺激可促进原基形成，因此菌包开口后应进行适当光照刺激。子实体生长阶段需要大量散射光和一定强度的直射光，强光条件下子实体生长相对缓慢，但能抑制杂菌发生，耳片颜色深，呈黑色或黑褐色，且耳片肥厚（李楠等，2008）；光照过弱则耳片颜色淡、质量差，推测光照可能与黑木耳中黑色素形成具有相关性。研究表明，不同光质对黑木耳生长发育有不同程度的影响（邹莉等，2014）。黑木耳子实体含有胶质，强烈阳光短时间曝晒不会使黑木耳子实体死亡，但长时间曝晒会引起基质水分大量蒸发，造成菌包"袋料分离"现象，为后期田间管理造成困难，易造成基质过度失水、杂菌和藻类感染，影响子实体生产质量和产量。因此，露地全光栽培模式中应适当采取临时遮荫和及时给水等方式进行田间出耳管理。

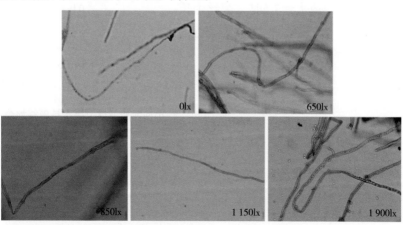

不同光照强度下黑木耳菌丝微观形态

（四）通风

通风可以提供充足氧气和减少二氧化碳积累，维持黑木耳生长发育的良好环境。栽培实践表明，良好的通风有利于促进菌丝发育和子实体生长，减少菌包感染杂菌的风险和提高菌丝抗病能力。研究表明，在黑木耳菌包开口阶段适当提高环境空气中二氧化碳浓度有利于促进原基发生和耳芽生长。同时，通风也是改善环境温度和湿度的重要措施。

（五）酸碱度

黑木耳菌丝适宜在微酸性条件下生长，pH值为4～8菌丝均可生长，最适pH值为5～6.5（万佳宁，2009）。当pH值小于4或大于7.5时，菌丝生长缓慢稀疏。生产中，常通过添加石膏和石灰调节培养料的pH值。

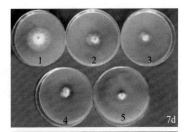

"1"代表0 lx培养；
"2"代表650 lx培养；
"3"代表850 lx培养；
"4"代表1 150 lx培养；
"5"代表1 900 lx培养

不同光照强度下黑木耳菌丝形态

第三章　黑木耳生产流程与合理安排

第一节　生产流程

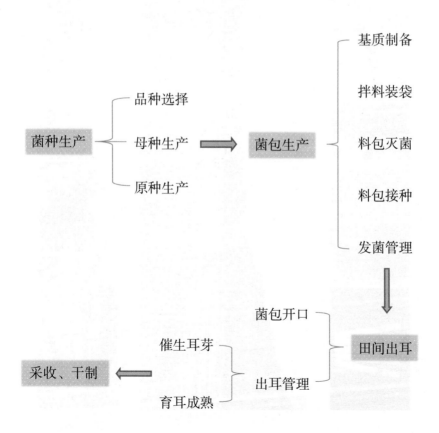

木耳母种　木屑灭菌　遮光培养　集中催芽　耳芽初现

全光地栽

田间管理　孔眼绽放　适时采摘　自然晾晒　喜获丰收

黑木耳代料栽培流程示意

菌种生产　制备生长在适宜基质上具结实性的菌丝培养物的过程，包括母种和原种，其中，原种形式包括木屑种、谷粒种、枝条种和液体菌种。

培养基制备　选择适宜原料并进行粉碎等预处理，按照确定比例混合、配制具有适宜黑木耳栽培的理化性质基质的过程。

培养基装袋　将制备完成的培养基按照统一标准分装到栽培用塑料袋中并封口的过程，分装后的含基质塑料袋称料包。

料包灭菌及冷却　采用湿热灭菌法对料包进行灭菌并在洁净场所冷却至适宜温度的过程，灭菌后料包内基质应达到无菌要求，并冷却至适宜温度。

料包接种　在无菌操作条件下将菌种接种到灭菌后料包培养基中并用滤菌塞封口的操作过程。料包接种后称为菌包。

发菌管理　在一定环境和设施条件下，创造适宜条件使黑木耳菌丝生长至满袋并达到开口出耳要求的管理过程。

菌包开口　发菌成熟菌包表面开口、菌丝创口愈合和原基初步发生的操作管理过程。

出耳管理　创造适宜条件促进黑木耳耳芽形成和子实体进一步发育成熟的管理过程。

采收加工　按照采收标准或黑木耳子实体成熟状态及时采收和晾晒干制的过程。

第二节　生产计划安排

黑木耳生产计划应根据总体生产目标、单位生产能力和选用品种栽培特性等因素协调确定。其中，品种栽培特性应包括出耳环境温湿度条件、发菌培养和子实体生长周期等因素，直接影响出耳时段和生产周期的选择确定。

由于黑木耳菌包工厂化生产和棚室出耳等栽培生产模式的不断成熟和规模化应用，黑木耳生产过程已在一定程度上可以抵御气候的不利影响，但仍应合理设计生产计划，最大程度地利用自然气候条件，减少人工制冷或加热带来的能源消耗。避免遭遇异常气候对出耳环节的影响，造成黑木耳产品产量和质量下降。应充分考虑黑木耳菌丝培养期、子实体培养期的时长和环境气候的变化规律，尽量避免高温期养菌和出耳。同时也应考虑品种类型、原料配方、装料形式、接种量和接种方式、封口方式、培养环境温度等因素对黑木耳生长期的影响，结合不同地区气候条件差异制定黑木耳生产计划安排。

黑木耳栽培北方多为"冬春养菌、春夏育耳"和"春夏养菌、夏秋出耳"，南方多为"夏秋养菌、冬春出耳"。一般黑木耳栽培生产计划应以当地气温变化特性确定排场出耳时间，再结合生产规模和生产能力反推备料、制包、养菌和平整出耳场地及棚室建设时间。北方春季出耳排场出袋时间尽量"抢早"，气温条件达到要求就要及早排场出耳，避免出耳后期夏季高温气候对出耳质量和产量的不利影响。秋耳栽培则要考虑前期高温对开口催芽的影响，同时也要考虑后期低温对出耳产量的影响。以黑龙江省东南部黑木耳产区棚室栽培为例，通常菌包养菌期为30~40d、后熟期15~25d，春季栽培中以3月中下旬（棚内地面充分化冻、自然气温最低稳定零度以上）开始进棚划口催芽、4月上旬开始挂袋出耳计划推算，1月底前应完成菌包接种并开始发菌管理，2月下旬至3月上旬开始棚室建设、扣膜增温，4月下旬至5月初开始采摘，6月下旬至7月上旬采收结束。秋季栽培中以7月下旬至8月初开始划口催芽和出耳的计划推算，6月初前应完成制包并开始发菌，10月下旬采收结束。

第四章　黑木耳菌种生产

第一节　栽培品种选择

优质、高产、抗逆性强的黑木耳品种是高效栽培生产的基础，同时要根据栽培地区的气候条件、原料资源、栽培季节、设施条件和产品市场需求等因素综合选择确定适宜的生产品种。国家认定品种和部分省级审定品种在生育期和商品性状方面各有特色，可以在生产实践中参考选用（姚方杰等，2011）。

一、根据品种特性选择

生育期短、产量高的品种包括黑木耳1号、黑耳4号、黑耳5号、中农黄天菊花耳；生育期长、综合性状优良的品种包括黑29、丰收2号、吉AU2号、延特5号等品种。生育期短的品种可以在一定程度降低异常高温或低温气候对出耳过程的影响，生育期长的品种往往表现抗性强、产量高。

二、根据商品特性选择

在商品性状方面早期以菊花状大根簇生和单片状小根单生为主要的区分标准，菊花状黑木耳品种有黑木耳1号、黑耳4号、黑耳5号、旗黑1号、中农黄天菊花耳等，单片状黑木耳品种有黑29、黑威15号、丰收2号、吉黑1号、新科、916等。但近年来，对黑木耳产品质量要求更高，在小根、单片的基础上，又增加了包括厚度、色泽、边缘圆整度、背面筋褶多寡等多项形态指标，对品种选育工作提出了更高要求。

"黑木耳2号"品种子实体形态及品种认定证书

"黑威15号"品种子实体形态及品种登记证书

黑木耳子实体筋褶比较

三、栽培试验确定稳定性和均一性

　　在具体品种选择使用上要注重菌种栽培特性的稳定性和均一性，尤其大规模生产中要安排栽培试验，以检验菌种的生产性能，监测抗性表现、转化效率和产品质量性状等指标的稳定性和均一性，防止菌种退化和老化带来生产损失。很多从事良种选育的单位和个人针对产品市场需求，提供的品种在生产中应用取得了较好效果。但由于多方面原因，部分生产用品种的遗传背景、选育程序和登记认定情况公开信息不多，在生产应用上还存在一定风险。

四、避免菌种退化和菌种老化

1. 菌种退化

　　菌种退化是指食用菌菌种群体经济性状发生劣变的现象，实质上是指某菌种因遗传变异而导致产量、品质、抗性等方面发生了背离需要的变化。在菌种生长阶段表现如菌落形态不正常、菌丝倒伏、生长势变弱、长速变慢、个体间长速和长相不均一、大量产生色素等；在栽培出耳阶段表现如产量降低、整齐度下降、生活力衰退、抗逆性减弱等。造成菌种退化的原因很多，如品种选育方法不科学、选择偏差、病毒感染、保藏失当、无限性菌丝继代培养等都可能造成菌种退化。

因此，为了防止菌种退化，需要采取有效方法保藏菌种；创造菌种生长的良好条件；严格控制菌种继代次数；防止病毒感染。要连续监督检测菌种的生长性状特征以及时发现退化，要从菌丝生长到栽培出耳全程测试观察生产周期、同步性、总产量和农艺性状等。在菌种生长过程中，要连续观察，一切不正常的现象只有在生长过程中才能表现出来，而当菌丝长满培养基表面时，其不正常现象往往会被菌种的后继生长所掩盖。

出现退化现象要对菌种进行复壮，如组织分离、更换培养基、基内菌丝分离、菌丝尖端分离等。

2. 避免菌种老化

菌种老化是指随着菌种培养时间延长、菌龄增加和养分持续消耗造成的老化现象，表现为活力减弱、色素分泌增加、细胞中空泡增多，接种后菌丝生长慢、抵抗杂菌能力弱、子实体形成延迟、产量降低等。虽然与菌种退化表现相似，但菌种遗传基础并没改变。在生产实践中要避免使用菌龄过长的菌种。

第二节　菌种生产

根据菌种用途、质量要求和生产规模，一般分为母种、原种和栽培种（菌包）三级。

母种是指经各种方法选育得到的具有结实性的菌丝体纯培养物及其继代培养物。也称一级种、试管种。

原种是由母种移植、扩大培养而成的菌丝体纯培养物。也称二级种。

栽培种是由原种移植、扩大培养而成的菌丝体纯培养物。栽培种只能用于栽培出耳，不可再次扩大繁殖菌种。也称三级种。在本书中将接种后培养成熟的栽培种称为"菌包"。

一、母种生产

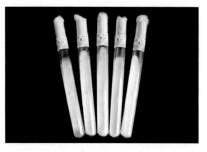

黑木耳母种是栽培生产的基础，一般由具有特定保藏设施、检测设施和生产设施的专业机构进行生产。在生产出合乎质量标准的黑木耳母种的基础上，生产机构还需要具备长期稳定保藏菌种和检测菌种质量的能力，能及

黑木耳母种

时判断菌种是否退化，并在发生退化时能对菌种进行有效复壮。

（1）培养料 黑木耳母种生产使用PDA培养基或cPDA培养基，通常使用玻璃试管容器。

（2）质量要求 母种质量要求应符合国家标准的有关要求。试管完整、无破损、无裂纹；棉塞或无棉塑料盖干燥、洁净、无霉斑，松紧适度，能满足透气和滤菌作用；斜面顶端距棉塞40～50mm；接种块大小（3～5）mm×（3～5）mm。

菌种斜面正面外观表现为菌丝洁白、均匀、平整、无角变，平贴培养基生长，呈棉絮或羊毛状，菌落边缘整齐，无杂菌菌落。斜面背面外观表现为培养基不干缩，部分品种有菌丝体分泌的黄褐色色素。有黑木耳菌种特有的清香味，无酸、臭、霉等异味。

（3）保存　显微检测可见菌丝形状粗细不匀，常出现根状分枝，有锁状联合。在PDA培养基中，适温26℃±2℃下，菌丝10～15d长满斜面。菌丝长满斜面后可放置4～6℃低温下保存，一般可保存30～40d。保存过程中应防止过度通风造成培养基脱水干缩，防止温度波动形成冷凝水打湿棉塞而引起杂菌感染。

二、原种生产

原种按照菌丝体生长的培养基形式可分为木屑种、枝条种和液体种等。

1.木屑种

木屑种即生长在木屑培养料上的菌种。

（1）培养料　培养料以硬杂木屑和麦麸为主料，配方参考选用"782011"配方，既"硬杂木屑78%、麦麸20%、石膏1%、石灰1%"。为促进接种后母种菌丝定植和萌发，可添加1%～2%红糖替代木屑。含水量控制在60%～62%。木屑种容器可选用专用塑料菌种瓶和聚丙烯菌种袋，要求可耐受高压灭菌和具有一定强度，防止灭菌时强度下降造成木屑扎破菌袋，增加感染杂菌风险。木屑种与栽培种菌包生产工艺要求基本一致，但由于木屑种作为菌种使用，培养基营养更丰富、灭菌要求更高，应绝对避免灭菌不彻底和培养过程中感染杂菌。

与木屑种相近的还有谷物颗粒种，用麦粒和玉米等粮食谷粒作为培养基质，优点是装瓶操作效率高、发菌速度快、菌丝生长旺盛、接种操作方便、接种应用后萌发快；缺点是菌种易老化、不宜长期存放，而且谷粒胚芽部分杂菌不易杀灭、易感染细菌且不易检出，出耳时由于颗粒种营养丰富易造成杂菌孳生。谷物颗粒种配比一般为麦粒、玉米等粮食谷粒100%，也有使用"麦粒或玉米等粮食谷粒84%、麸皮（或米糠）15%、石膏1%"配方。木屑种和谷物颗粒种接种时应捣碎后接入，保证菌种颗粒能直接落入料孔底部并与培养基充分接触，以加快菌丝吃料生长和保证菌丝菌龄一致。

黑木耳谷粒原种

黑木耳枝条原种接种后菌丝生长比较

（2）质量要求　原种质量要求应符合国家标准的有关要求。菌袋（瓶）完整、无破损、无裂纹；棉塞或无棉塑料盖干燥、洁净、无霉斑，松紧适度；培养基上表面距瓶（袋）口的距离50mm±5mm；接种量（每支母种接原种数，接种物大小）4～6

瓶（袋）；菌丝生长满菌袋
（瓶）；菌丝体颜色为白色，细
羊毛状，生长旺健，菌落边缘整
齐；培养基颜色均匀，菌种紧贴
瓶壁，无干缩；允许有少量无色
至棕黄色水珠；允许有少量胶
质、琥珀色颗粒状耳芽，如果耳
芽过多则不能用作菌种使用。无

黑木耳木屑原种

绿、黄、红、青、黑、灰色等杂菌落，无颉颃现象及角变，有黑木
耳菌种特有的清香味，无酸、臭、霉等异味。

在适宜培养基上，在适温26℃±2℃下，原种40~45d长满容
器。菌丝长满瓶（袋）后7d左右使用较好；菌龄太长造成菌种形成
菌皮、表面分泌大量黄水、培养料与瓶壁分离等现象，菌种老化会
影响菌丝体活力。

（3）保存　菌丝长满培养基后应置4~6℃低温下贮存，一般可
保存30~40d。贮存中除控制温度外，还需要控制湿度和通风，防止
湿度过大引起封口棉塞或专用盖体受潮，增大杂菌污染风险；同时
也防止过于干燥引起原种失水干缩。

2. 枝条种

黑木耳枝条菌种是指用木
条、雪糕棒、方便筷等制作的原
种（二级种），可以提高接种效
率，具有萌发快、接种方便、快
捷、污染率低等特点。接种后枝
条深入培养基内部，菌种多点萌
发，满袋时间可提早5~7d。枝

黑木耳枝条原种

条种配方为：①木块或枝条100kg，麦麸或米糠25kg，石膏1kg；②木块或枝条100kg，木屑18kg，米糠10kg，蔗糖1kg，石膏0.5kg。生产工艺如下。

枝条准备→浸泡或水煮→配制辅料培养基→枝条装袋→灭菌→冷却→接种→培养→质量检验→接种应用。

（1）枝条选择　选择边材多、心材少、皮厚、营养丰富、韧皮部与木质部结合紧密的树木，破开成枝条，并砍成一头尖一头平，晒干或烘干。枝条长度由种木和栽培袋大小而定，截面直径一般0.3~0.5cm。目前实际生产中多选用雪糕棒和方便筷等，直径小或截面薄，表面粗糙有利于黏附辅料培养基，而且加工方便、价格便宜。

（2）枝条浸泡水煮　将枝条整捆完全放入水中浸泡，一般连续浸泡至枝条全部浸透，浸泡时间因水温会有所差异（24~36h），浸透后枝条含水量一般在60%左右。也可将枝条水煮30~40min达到完全浸透的效果。浸泡和水煮可使用1%石灰水，也可以添加蔗糖、磷酸二氢钾、硫酸镁（配方：100kg水加蔗糖1kg，磷酸二氢钾0.3kg，硫酸镁0.15kg）等营养物质。枝条浸透后沥除表面水分。

（3）配制辅料培养基　按照原种（二级种）配方制备适量辅料培养基，将枝条与辅料混拌，并使枝条表面沾上辅料培养基。

（4）枝条装袋　选用适宜聚丙烯塑料袋盛装枝条。装袋时先在袋底部垫放2cm厚辅料培养基，然后放入枝条，基本放满后再沿袋壁用辅料填实，再在枝条顶部覆盖少量辅料。装料后塞上棉塞或塑料盖体，装框灭菌。为了避免出现枝条划破袋的情况，可采用双袋装料。

（5）灭菌冷却　为达到彻底灭菌的效果，可常压湿热灭菌100℃维持8~10h，或高压灭菌126℃维持2h。灭菌洁净空间内冷却至料温降到25℃以下。

（6）接种培养　按无菌操作接种，一支母种可以接5～7袋。接种后于暗光、温度20～25℃，空气相对湿度60%～65%培养，其间适度通风。由于枝条培养基的通气性好，菌丝生长迅速，培养时间比常规料缩短5～7d。枝条菌种质量检验。发菌期间定期检查，发现杂菌时根据具体情况及时妥善处理，如就地处理或取出烧毁或深埋。

枝条种培养剖面图　　　　　　　　　　枝条种接种

（7）接种应用　去掉菌种袋口处老化菌皮后接种。每袋接种孔插入2～3根枝条菌种，再用枝条菌种袋内长有菌丝的辅料填充，使接种孔内的菌种与四周的培养料充分接触。接触不密切，会导致发菌慢或不发菌。

注意事项：实际生产中浸泡时间不足，未充分泡透，影响菌丝萌发生长；培养时间短，仅枝条表面长有菌丝，内部菌丝较少甚至没有，影响菌丝活力；枝条菌种用量不足，枝条菌种与栽培料间形成间隙，不利于发菌。笔者团队对表面较粗糙方便筷等外品和表面较光滑普通雪糕棒等外品进行应用试验，分别用清水、1%葡萄糖溶液、1%蔗糖溶液、1%葡萄糖溶液+1%磷酸二氢钾+1%硫酸镁、2%葡萄糖溶液、2%蔗糖溶液、2%葡萄糖

溶液+1%磷酸二氢钾+1%硫酸镁等液体浸泡试验。试验表明，两种材质初始含水量和饱和含水量有差异，但差异不显著。浸泡8h可达到饱和含水量的80%以上，浸泡24h接近饱和含水量（最大值）。各种浸泡液比较，清水浸泡后的含水量最高，接种后枝条菌种菌袋内菌丝长速差别不大，说明枝条间的辅料培养基是影响长速的关键因素。应用枝条菌种接种后，雪糕棒组比方便筷组长速快，这可能雪糕棒菌种与培养料接触面积大和生长点多有关。总体看，枝条菌种应用效果与木屑菌种无明显差异。

3. 液体种

黑木耳液体菌种指的是黑木耳菌丝经液体深层发酵而获得的富含黑木耳菌丝聚集体和菌丝片段的发酵液。黑木耳液体菌种中菌丝性状相对均一、接种后流动性和分散性好，接种后菌丝萌发快，可缩短生产周期，菌包中菌龄一致性好，后期出耳整齐，产

黑木耳液体菌种

业综合效益好。因此，在生产实践中，尤其是大规模菌包生产中黑木耳液体菌种代替传统固体菌种趋势愈来愈明显。液体菌种制作工艺是食用菌与工业发酵技术相结合的交叉学科，对技术人员要求较高，需要同时掌握食用菌、深层发酵和机械设备相关知识。生产工艺如下。

摇瓶菌种制作→发酵培养基配制→培养基及发酵罐灭菌→冷却接种→发酵罐菌丝培养→质量检验→接种栽培袋。

（1）环境设施条件　液体菌种生产场所应远离污染源。生产车间地面应防水、防渗漏、防腐、防滑、易清洗和排水通畅；墙壁和

天花板应能防水、防潮、防霉、易清洗；车间入口设置缓冲间，门窗安装防虫纱网。主要仪器设备包括不锈钢发酵罐、空气压缩机和洁净空气过滤系统、高压灭菌锅、恒温摇床、超净工作台、光学显微镜、酸度计等。

（2）摇瓶菌种制作　摇瓶培养基可参考发酵培养基，搅拌均匀后装入摇瓶中，装液量一般为摇瓶容量的20%～30%，棉塞或专用透气滤菌膜封口。经高压蒸汽（121℃、0.11MPa、30～40min）灭菌后冷却至30℃以下，无菌条件下挑取5～6块1～4mm^2

液体菌种摇床培养

母种块放入摇瓶内，封口后置于温度24～28℃避光环境中，静置24h后摇床振荡培养，转速140～160r/min。一般培养7～8d，培养液澄清透明不浑浊，无杂菌、无异味，菌丝球（或菌丝片段）均匀悬浮于液体中不分层、直径不大于2mm即可使用。摇瓶培养装液量、摇床转速和培养温度可根据不同品种和培养基情况进行优化调整，并对培养周期产生影响。

（3）发酵培养基配制　众多科研人员以黑木耳液体菌种发酵液中菌丝生物量为指标，通过单因素试验、正交实验和响应面法等对发酵培养基配方进行了优化。在碳氮源的比较中，大部分研究结果认为葡萄糖、蔗糖和酵母膏、蛋白胨、牛肉粉等为最佳的碳氮源，而米糠、纤维素、木屑和无机氮则不适于在液体菌种生产中作为主要营养源。由于试验选用的组成材料不同，研究确定的培养基优化配方差别较大。应选用营养丰富、价格低廉、质量稳定和容易获取的培养原料，原料颗粒度应粉碎至100目以上，加入油脂等消泡剂避免泡沫形成。可参考使用①玉米粉40g/L，淀粉30g/L，牛肉膏3g/L，酵母膏3g/L，磷酸二氢钾2g/L，硫酸镁1g/L，维生素B_1 5mg/L，花生油0.5mL/L，pH值为6~6.5。②玉米粉30g/L，淀粉40g/L，麸皮（煮汁）2g/L，酵母膏4g/L，磷酸二氢钾3g/L，硫酸镁1.5g/L，花生油0.5mL/L，pH值为6~6.5（王庆武等，2018）。研究确定的最适培养基pH值为6~8，但亦有研究表明最佳培养条件pH值为5，这可能与培养基成分和菌株特性差异有关。因此，在黑木耳液体菌种培养基优化应针对不同生产品种、培养基成分和发酵条件而进行试验研究。

（4）培养基及发酵罐灭菌 发酵罐集中工作区应洁净易清理，应定期进行环境消毒处理，不得存在孳生杂菌的卫生死角。发酵罐、空气净化系统、供水及蒸汽管道和排污管道等应合理布局。发酵罐要结构合理、能提供菌丝生长条件，还需方便操作、安全使用和彻底灭菌。

配制好的发酵培养基装入发酵罐内，加清水定容，装液量一般为发酵罐容量的70%~80%。短时空气搅拌混合均匀后密封盖口，检查各开关阀门密封完好、无渗漏。

液体菌种发酵罐示例

灭菌时按照不同发酵罐的工作程序进行操作，注意排净冷空气，尤其避免与罐体相连的阀门、封头等局部冷空气残留。应确保灭菌温度、压力和灭菌时长，做到罐内培养基、所有附属部件以及

发酵培养中的液体菌种

空气过滤装置彻底灭菌。

（5）冷却接种 灭菌结束后按照工作程序进行夹套通入冷水等冷却处理，同时缓慢打开罐体排气阀逐步降低罐内蒸汽压力。待发酵罐内压力接近0时开始经空气过滤系统向罐体内通入无菌空气，维持罐压微正压

黑木耳液体菌种培养车间示例

（0.04 ~ 0.05MPa），搅拌培养基以加快降温冷却过程。待发酵罐内培养基温度降至30℃时，则应调节冷却水温度和流量，维持适宜温度便于接种和启动发酵培养。

小型发酵罐一般采用火焰圈保护接种。接种瓶用75%酒精擦拭，接种口用95%酒精灼烧，在酒精火焰保护下打开发酵罐接种口，倒入摇瓶菌种。大型发酵罐可以采用压差法接种，利用发酵罐和接种瓶内压差将摇瓶菌种压入发酵罐。连续发酵过程中则由种子罐直接利用压差通过专用管道将种子液倒入发酵罐。一般小型分批发酵罐接种量为1% ~ 2%，加大接种量可以缩短发酵培养周期。

（6）发酵罐菌丝培养 继续通入无菌空气，调节罐体排气阀和通气量，维持罐压0.01 ~ 0.03MPa，培养温度24 ~ 28℃，培养8 ~ 10d。

温度是菌丝正常生长的关键因素，菌丝的生长是在各种酶催化下进行的，温度是保证酶活性的重要条件，生产中一般通过控制发酵罐冷却水温度和流量来控制培养基温度。通气在培养过程中不仅为菌丝提供充足的氧气，还通过气体搅拌控制菌丝球大小和菌液粘稠度。通气也是发酵过程污染的重要风险源头，通入发酵罐的空气应严格保证无菌。

目前，黑木耳液体菌种大部分为分批发酵，接种后只能通过

调节温度和通气量（或搅拌速度）来影响菌丝生长环境。温度高低和通风量大小可影响菌丝生长活性和培养基溶氧浓度，进而影响黑木耳菌丝生长速度、菌丝活性、菌球形态和生长周期。在实际生产中，应根据不同黑木耳品种和培养基组成协调控制培养温度和通气量以及罐压，建立最优化发酵控制工艺。

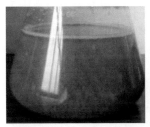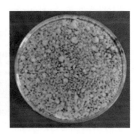

黑木耳液体菌种形态

（7）质量检测　为保证液体菌种发酵质量，应在接种后每2d取样一次进行检测。检测指标应包括发酵液色泽、黏度、气味、pH、菌丝生物量、菌丝形态和有无杂菌侵染。杂菌侵染应结合显微镜检测和复合培养基或其他综合培养基培养，如用酚红肉汤培养基快速鉴别细菌污染。若发现异常则应终止培养，并积极查找原因和排除风险。实践生产中有经验的生产者可以通过观察发酵液状态、菌球形态、发酵罐排气味道等及时发现异常情况并及时做出处置。液体菌种发酵完成后应澄清透明不浑浊、稍黏稠，无杂菌、无异味；菌丝球（或菌丝片段）均匀悬浮于液体中不分层，菌丝活力强。

随着产业规模的不断发展，液体菌种发展应大力研发轻简化液体菌种成套设备和专用液体配

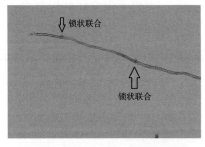

显微观察黑木耳菌丝锁状联合

方；建立完善液体菌种质量检测体系，围绕感官指标、生化指标和菌丝活力等指标。黑木耳液体菌种应用时间不长、规模不大，因此还需要进一步探索明确与后期栽培效果相关联的质量指标，既要关联液体菌种接种应用后的萌发效率和生长速度，也要考查对栽培出耳环节生物转化率、抗性表现等方面的表现。应加强菌丝球数量和大小、菌丝球内菌丝形态和疏密分布、游离菌丝数量及形态，以及发酵醪液中关键酶含量、碳氮消耗比例及主要代谢产物含量等指标的检测研究，建立可明确指示液体菌种生产性能的质量评价标准。

（8）接种栽培袋　液体菌种保存方面研究表明，4℃环境下保存20d对液体菌种接种后萌发和生长影响不大，但随保存时间增加会导致萌发延迟、生长缓慢和污染率增加；室温条件下保存对液体菌种质量影响较大。因此，黑木耳液体菌种临时性短期储存

液体菌种划线培养

应在低温环境中进行，也可以根据生产计划安排调整相应降低培养温度和通气量，滞缓液体菌种培养过程。

液体菌种对设备、环境、栽培料等均有较高要求，一次性投入大；为最大程度降低污染率，洁净区空间需要做到万级净化，其中，接种机和发酵罐接种区需做到百级净化；栽培料需灭菌彻底，水分温度酸碱度合适，便于液体菌种1~2d内迅速封面。

第五章　黑木耳菌包生产

黑木耳菌包即是黑木耳栽培种或三级种。黑木耳菌包生产设备包括用于基质制备的原料粉碎、筛料、拌料、装袋、窝口等机械，用于料包消毒灭菌的灭菌锅（柜），液（固）体菌种自动接种机等。生产主要设施包括原料储藏室、料包制备间、料包灭菌间和冷却间、液（固）体菌种接种间、菌包培养间、菌包成品储藏库房等。大型菌包厂还应配备菌种质量检验室和菌包储存室。主要生产设施应具备根据不同工艺要求进行空间净化、无菌通风和控温控湿能力，配套相关检测设备和调控设备。

第一节　菌包生产环境及基质制备

一、基质原料选择

适合黑木耳栽培原料很多。木屑以柞树、曲柳、榆树、桦树、椴树为好，杨树次之，松树、樟树、柏树等树种不宜使用，或经过腐熟处理和去除有害物质后可以使用。汪智军等（2011）报道，西伯利亚落叶松腐木上发现黑木耳生长，并驯化栽培。最好选择材质坚硬、边材发达的阔叶树种木屑，不能含芳香族化合物和油脂类物质，应无霉变、无虫蛀。生产实践中由于新鲜木屑来源不同，可能混杂不同树种原料或者附带不利于黑木耳菌丝生长的特殊物质，通常堆放腐熟适当时间会起到更好的效果。

用于替代木屑基质栽培黑木耳的玉米芯、大豆秸秆、稻草、玉米秸等添加量一般不高于30%。与全木屑基质相比，子实体形态质量差异不明显，粗脂肪、蛋白质、总糖、粗纤维和灰分含量有明显区别。马庆芳等（2013）研究发现，随着玉米芯添加量增加，蛋白质和灰分含量也提高。应用新型基质栽培黑木耳的原料应充分揉搓粉碎、减低氮源、提高含水量，并且装料紧实、低温保湿发菌，要低温集中催芽、集中潮次出耳。

多品种、多地多季栽培试验表明，基质中添加20%~40%的黑木耳菌渣对黑木耳栽培无明显影响（张丕奇等，2016）。其他食用菌菌渣，如灵芝和鲍鱼菇栽培菌渣也可用于栽培黑木耳（张娣等，2013）。

麦麸、稻糠、豆粉、豆粕等是黑木耳栽培中常用氮源，石膏和石灰提供钙离子和平衡调节培养料酸碱度。稻糠一般使用米业加工时的细糠，又称油糠。豆粉和豆粕要粉碎，粒度尽量小，有利于拌料时均匀一致。

二、基质配方

培养基配方选用要坚持目的明确、营养协调、条件适宜、经济节约的原则，满足原种和栽培种用途的基础上选择原料种类和配比，以粗代精、以废代好、以简代繁，进一步降低生产成本。

长期以来普遍使用菌包配方（木屑78%，麦麸20%，石膏1%，石灰1%）已进行调整，很多新型基质在黑木耳栽培中得到应用。刘佳宁等（2014）研究表明在不同菌种、不同培养基配方（氮源材料选择稻糠、麦麸）和不同的管理技术水平条件下，均表现碳氮比在100~140范围内适宜黑木耳栽培生产，菌丝生长和出耳阶段抗杂菌能力强、开口后出芽整齐、产量高。碳氮比过低则表现出芽慢、污染率高；过高则影响产量。笔者试验总结"木屑麦麸8811（木屑88%，麦麸11%，石膏0.5%，石灰0.5%）"配方栽培黑木耳现芽早、产量高、成本低，是优化主料配比方案。试验同时表明，随着麦麸添加量增多，子实体粗蛋白含量增加、粗纤维含量降低，但添加量达到20%时出现反向变化。其他成分含量变化规律不明显。高氮基质后期菌袋易变黑、杂菌污染多发、收缩严重。

> **参考栽培种配方**
>
> ①木屑88%，麦麸11%，石膏0.5%，石灰0.5%；②木屑78%，麦麸20%，石膏1%，石灰1%；③木屑86.5%，麦麸10%，豆饼2%，石膏粉1%，石灰0.5%；④木屑69%、玉米秸20%、麦麸8%、豆粉2%、石灰1%；⑤木屑69%、稻草20%、麦麸8%、豆粉2%、石灰1%；⑥木屑60%、大豆秸30%、麦麸8%、玉米粉1%，石灰1%；⑦木屑59%、玉米芯30%、麦麸8%、豆粉2%、石灰1%等。

不同菌种以及不同地区对培养基配方要求有差异；盲目添加一些所谓的营养物质会导致培养基碳氮比失调，影响生长和产量。因此，培养基配方选择灵活，但要根据试验栽培效果最后确定。栽培配方不可随意改变，不可盲目听信他人经验而照抄照搬。规模化推广应用的高产高效配方，可根据原料成本和生产需要适度调整。

第二节　培养基拌料装袋

一、原料预处理

栽培原料应无霉变、无虫蛀，不含芳香类物质，无柴油和化工原料污染。木屑原料应放置3个月以上再使用，实际生产中木屑堆放时适当浇水，使原料进一步软化、腐熟和去除杂菌及有害物质，有利于菌丝萌发和生长。

培养料粒度应粗细度适中、合理搭配。带锯生产的木屑颗粒细，装袋后透气性差；圆盘锯生产的木屑颗粒粗，易扎袋、装袋后持水力差，因此两种木屑最好混合使用。试验表明，木屑等原料的粒径大小是影响料包松紧度、持水力和透气性的重要指标，粗（筛孔4.0~6.0mm）细（筛孔1.0~1.5mm）粒径比例相近的复合基质中菌丝萌发定植快、洁白粗壮，菌袋弹性好，开口后菌丝愈合快、现芽早出耳齐，出耳产量高。

麦麸、稻糠、豆粉、石灰、石膏等辅料应尽量粉碎至30目以上使用，有利于混拌均匀和菌丝降解吸收。

试验表明，相同粒径条件下，菌丝长速与装料密度呈负相关。相近装料密度条件下，粒径与长速正相关。粒径大、装料密度低的培养基质中菌丝呼吸活跃，呼吸强度大。袁卫东等（2015）报道称不同粒径桑枝屑对黑木耳菌丝生长及产量产生不同影响。

利用作物秸秆作为黑木耳栽培基质要充分考虑物理性质的差异性，调整工艺解决作物秸秆装料松、易扎袋、持水力差等问题。原料应充分粉碎、选用中等粒径木屑混合、适当提高基质含水量和装袋密度，以达到与木屑基质相近的菌袋形态。

黑木耳一次栽培废菌渣可以再次作为基质用于黑木耳生产，应选用无污染或低污染的黑木耳菌渣，再次利用的菌渣必须充分晾干、充分粉碎、充分均匀拌料。菌渣质地柔软、装袋紧实、菌丝萌发生长快，因此，必须强化发菌阶段通风和控温。

二、拌料装袋

拌料不得有干料块影响灭菌效果，剔除小木片及其他异物以防扎破菌袋，同时，将麦麸等氮源、石膏及石灰等辅料充分搅拌混匀以免影响菌丝生长。

培养料含水量控制极为重要，北方袋栽含水量一般控制在55%～58%为宜（张介驰等，2015），但同时也应结合养菌育耳环境的温度、湿度和养菌时间长短等因素适当调整，如北方冬季养菌期间室内相对湿度低，可适当提高培养基含水量。含水量应以标准化测量数据为准，常用手握测试会受到物料温度、拌料时长、原料含水量等因素影响，只能作为辅助方法。

拌料前按配方要求准确称取各材料，并检测含水量以确定拌料时适宜加水量。拌料时，先将木屑和麦麸等主要原料倒入双螺旋搅拌机料斗内加水一次搅拌20～30min；一次搅拌结束后边加水边加入石膏和石灰等辅料进行二次搅拌20～30min，确定pH值和含水量调节量；再进行三次搅拌20～30min。提高搅拌级次有利于培养基混合均匀，使菌丝生长一致，有利于后期菌丝培养和出耳管理。北方冬季生产中木屑、麦麸等原料结冰造成含水量偏高，应待冻块融化后再混合配制。同时，注意原料要充分吸透水分、预湿均匀，有利于灭菌过程中热量传递和提高灭菌效率。如果培养基原料中夹杂有未浸水的"干料"，灭菌时蒸汽就不易穿透干燥处而达到灭菌效果。

拌料完成后应及时装袋灭菌，不可堆放过夜以致引起杂菌孳生，增加灭菌难度或杂菌产生有害物质影响菌丝生长。

栽培袋使用聚乙烯或聚丙烯材质，规格多为16.5cm×35cm，要求有较高的强度和较好的收缩性，防止塑料袋与培养料分离，一般每袋装入湿料1.2～1.3kg，培养料高约23cm，机械窝口和插棒封口。装袋要装实，松紧一致，料面平整无散料，袋料紧贴，塑料袋无褶皱，可克服袋料分离。目前，多采用防爆袋装袋机装袋，装袋机与窝口机同时使用，窝口深度5cm左右。封口可使用棉塞、专用盖体和插棒。

第三节　料包灭菌

一、料包灭菌

从拌料到开始灭菌，尽量控制在4h以内，以免时间过长造成料包内杂菌繁殖，引起培养料消耗，产生不明代谢产物和杂菌数量增加而增大灭菌难度。

料包灭菌采用蒸汽湿热灭菌方式，即是利用饱和蒸汽进行灭菌。由于蒸汽有很强穿透力，在冷凝时放出大量冷凝热，易使蛋白质凝固而杀灭各种微生物。蒸汽湿热灭菌为最基本的和最常用的灭菌方法，经常使用的是高压湿热灭菌和常压湿热灭菌。高压灭菌控制蒸汽压力为1.0~1.5kg/cm^2，温度121~125℃，灭菌时间1~2h。常压灭菌表压为0，温度100~102℃，灭菌时间8~10h。灭菌方式和控制指标可根据生产规模和设施条件选择，同时也要考虑基质种类和粒径以及培养基装量和杂菌水平等差异。灭菌操作一是要彻底杀灭杂菌，二是要尽量减少对培养基质营养、含水量和料袋形态的影响。

> 刚刚灭菌结束的料包发软，拣出时易变形和造成袋料分离，应待料包冷却变硬后再拣出。

灭菌过程注意事项：①必须排尽灭菌器内的冷空气。残留冷空气会造成灭菌压力显示与实际灭菌温度对应关系的差异，造成灭菌不彻底。特别是只装有压力表没有温度表的灭菌器尤其应注意。应随着灭菌温度升高而逐步充分排除冷空气。②灭菌器内料包必须排列疏松有序，使蒸汽畅通无死角，使冷空气充分排空和灭菌器内蒸汽温度均一稳定。③常压灭菌时应在4h内升温至100℃，防止长期适宜温度使料包内杂菌过度生长，造成杂菌基数增加、营养消耗和产生不良代谢产物，影响灭菌效果和后期黑木耳菌丝生长。④避免盲目提高灭菌压力和温度指标、或延长灭菌时间。长时间高温灭菌会影响培养基中营养物质的化学成分，造成对黑木耳菌丝生长质量的影响，因此，灭菌应以有效杀灭杂菌为标准，不宜温度过高或时间过长。⑤灭菌后应缓慢减压，避免由于灭菌器内压力下降过快造成料包内内外压差过大，引起封口棉塞等冲出或松动，或者造成塑料袋膨胀乃至破裂。⑥注意避免冷凝水打湿棉塞或其他封口盖体，影响滤菌效果。灭菌降压结束后打开灭菌器降温阶段，由于温差造成残留灭菌器内蒸汽冷凝，会打湿棉塞等封口盖体而影响滤菌效果。因此，应打开灭菌器散尽残留蒸汽，同时，避免温度过快下降，在料包上覆盖防水油纸或塑料布等，防止灭菌器内壁上冷凝水滴落。少量打湿棉塞等可利用料包余热烘干。

大型菌包生产厂一般采用真空高压灭菌器，通过控制真空排气和补入蒸汽的时段和频率，控制真空度、温度、压力和时长等指标，实现最短时间内最大程度去除灭菌器内冷空气，严格保证灭菌指标要求，实现高效灭菌。通常经过3次真空排气，121～123℃保温保压90min，自然降温20～30min。

二、料包冷却

料包灭菌后温度由高到低，必然导致外界空气到吸入料包内，因此环境空气洁净程度和料包封口的滤菌效率直接影响到灭菌后料包的再污染几率。冷却过程应防止由于冷空气吸入造成的二次污染，要求冷却间洁净度高、棉塞等盖体干燥且滤菌性能强。实际生产中为提高生产效率，冷却可分为预冷和强冷两个阶段。灭菌器压力降至"0"时料包可移出进入预冷冷却间，料包温度由90～100℃自然散热冷却至表面35～45℃，主要通过预冷间的空气过滤系统与环境空气进行热交换，因此要尽可能提高预冷间空气洁净度。预冷后料包移入强冷间，利用制冷机组强制冷却至料包基质内最高温度降到25～30℃。注意冷却过程中要始终保持冷却间微正压、空气洁净度达到十万级。预冷过度到强冷的温度标准可根据生产能力和效率要求进行实际调整，以节省能源或提高冷却效率，但应避免强冷过程中温差过大，出现冷凝水影响料包封口滤菌效率。

第四节　料包接种

黑木耳生产是通过一级种、二级种、三级种的顺序来完成菌包制作。接种室内应配备接种箱、超净工作台和紫外灯、酒精灯、接种针等辅助器械。对于不同的菌种形式还应配备专用设备器械。

接种操作既要保证菌种质量不受伤害情况下最大面积地与基质结合，促进菌种萌发定植，同时又要尽可能减少杂菌带入，降低染菌风险，因此，要在接种环境和规范操作方面做到尽善尽美，做到无菌操作，彻底排除对象以外的一切其他微生物干扰，确保获得对象菌的纯培养过程。如在酒精灯火焰2cm范围内快速完成，要求酒精质量好、燃烧充分、火焰稳定，确保操作区域符合无菌要求。

接种环境要求易于清理消毒、温度可调、气流稳定；接种操作区域要求达到百级洁净标准。接种操作人员要求衣着整洁、动作标准规范、手法简捷高效。操作人员必须穿戴清洁工作服装，进入前必须风淋除尘，接种操作前双手用75%酒精棉球擦拭消毒。环境洁净对接种操作成功至关重要。接种室外环境应绿化减尘、定期清扫、灭虫灭鼠；室内环境应定期清洁打扫、擦洗消毒、除湿和处理污染物；接种箱、接种台等应经常擦拭，保持干净。接种室可用1%～2%来苏尔或苯酚溶液喷洒消毒或用紫外灯照射0.5h灭菌，也可使用5%甲醛溶液、1%高锰酸钾熏蒸或用0.1%升汞溶液浸过纱布擦拭或喷雾。

大型工厂化生产企业应配备专门的接种车间，规范布局消毒间、缓冲间和接种间，配备洁净空气供给系统，建立规范的质量检验制度。小规模生产可使用酒精灯、蒸汽发生器、热风接菌器、负离子净化器等器械，通过高温、负氧离子等物理条件降低操作空间杂菌量，降低接种操作污染杂菌风险。

待袋内料温降至25℃以下时开始接种。尽量使料包温度与接种间和培养间温度保持一致。接种室在规范消毒灭菌和无菌检验的前提下，接种前4～5h对接种间紫外消毒、接种前1h开启空气净化系统换气，整个接种过程中接种室处于微正压状态。接种后用灭菌棉塞、插棒或其他专用盖体材料封口。

第五节　发菌管理

一、发菌环境控制

发菌管理直接影响发菌期间菌丝生长质量和后期出耳表现和抗

杂能力，因此应高度重视。发菌场所应干燥、通风，具备温度、湿度、氧气和二氧化碳浓度等指标的检测能力和调节措施，能为菌丝生长提供洁净、均一、稳定和可调控的生长环境，实现黑木耳菌丝的良好生长（张介驰等，2013）。

1. 影响因素

（1）摆放方式　菌包摆放方式多种多样，但应便于检视菌丝生长状态和使菌包处于均一生长环境中，不能造成部分菌包温度、湿度和通气环境差异过大，对后期统一管理造成影响或成为杂菌污染热点和发源地。菌包多数采用层架式摆放，每层架立式摆放1层或卧式叠放以3层为宜，一般不要超过6层；行间需留有5cm通风间距。无培养架可直接摆于地面，可摆放8~10层，袋与袋之间成品字形排列；也可使用周转筐直接在地面上堆叠，一般可放5~6层。近年来，发展挂架摆放菌包具有简便易行、通风好的特点。菌包摆放应有利于通风、有利于温度湿度等环境条件均一稳定。

菌包堆放发菌

菌包挂架发菌

（2）温度　温度控制是发菌管理关键。原种和栽培种最适生长温度为22~25℃。发菌过程中温度控制"前高后低"，即发菌初期3~5d时温度控制在28℃左右，促进菌种萌发定植；发菌中期温度控制在22~24℃；发菌后期温度控制在20~22℃。菌丝长满菌包后应进一步降温至20℃左右，促进菌丝进一步分解基质、积累营养和生理成熟。因菌种特性差异，具体温度调整指标和生理成熟时间有所差异。如菌包发菌结束后不能马上进入开口催芽环节，应在5~10℃低温环境中保藏。在温度控制过程中应考虑发菌室不同空间位置以及室温与基质内部的温度差异，应以基质内部温度为准并保证室内温度均一稳定，辅助换气扇等空气混合设备以保证整个培养室温湿度等条件均匀一致。

研究表明，低温发菌有利于提高黑木耳出耳质量和抗性（张介驰等，2014）。试验考察了15℃、20℃、25℃、30℃和35℃培养对国认品种"黑29"菌丝生长的影响，结果表明，15℃处理菌丝生长稀疏、缓慢，颜色灰白；25℃和20℃处理菌丝生长较快，菌丝洁白、浓密、成束，菌包弹性好；30℃处理菌丝颜色灰白，细弱，稀薄，菌包弹性差，结果表明高温下菌丝长速大、长势弱，基质消耗大，呼吸代谢旺盛。栽培性状表现看，低温处理出芽快且均一，出芽率高，耳片生长快，型好色黑，大小均一，边缘整齐，单袋平均产量高。在出菇箱高温35℃放置20d，试验表明，高温发菌导致栽培阶段抗性明显下降。

（3）通气条件　发菌期间应保持良好的通风。笔者试验研究表明，充足的氧气供应可以提高菌丝对高温的耐受性、降低高温伤害。发菌阶段，通过菌包表面刺口可提高菌丝生长速度、单袋产量和抗杂能力。发菌期通风应"先小后大，先少后多"，后期应加大通风量。北方冬春季气候寒冷，要注意协调温度调控与通风调控，既要防止通风引起温度剧烈波动，又要避免片面强调保温而引起通风不良。

（4）湿度　发菌室空气相对湿度控制在40%~60%即可，避免高温高湿环境。湿度过小，会造成基质水分散失过大，影响基质含水量；湿度过大，则会增加霉菌感染孳生风险。

（5）光照　发菌过程注意避光。发菌后期光照易造成菌丝老化、诱发原基、消耗营养而影响产量。邹莉等（2014）报道称蓝光和黑暗条件有利于黑木耳菌丝体生长。

2. 注意事项

发菌期间要定期检查菌包，发现问题要及时采取适当措施。污染杂菌菌包应及时运出发菌室，一定避免扰动杂菌孢子飞散引发更大污染。

菌丝长满后应根据品种特性调控温度湿度等条件，使菌包转入后熟管理，使其进行继续发菌，以继续分解培养基中营养物质，增加菌丝生物量、储备出耳能量，保证出耳生产效果。可适当降低培养室温度，强化通风，增加光照和温差刺激，后期及时转入出耳管理。

菌包完成发菌周期后应防止高温伤害、低温冻害，防止通风过大、空气相对湿度低引起菌包过分失水。

工厂化集中发菌　　　　　　　　成熟菌包短期储存

菌包培养间控制环境温度、湿度和光照等环境指标时应根据菌丝生长情况进行调整，如菌丝萌发和培养初期，环境空气洁净度应更高，温度上调2～3℃，可适当减少通风次数；培养中期和后期则应逐渐降低环境温度和增加通风次数。养菌期间根据菌丝发热量和氧气需求量利用制冷机组和轴流风机进行通风换气，一般二氧化碳浓度不超过0.1%，空气相对湿度保持在60%以下。

二、菌包发菌常见异常现象及原因分析

发菌期间，黑木耳菌丝有时出现菌种不萌发或菌丝生长不正常等现象，如菌丝生长过程中出现颉颃线，后期不再生长或生长缓慢等，除了与菌种活性有关外，应在料包制备和发菌环境管理方面寻找原因。

1. 料包制备的影响

由于拌料不均或者石灰添加量不适造成培养基酸碱度不适、培养基中局部混有油脂类或者芳香物质、培养基局部水分过大（尤其是菌包底部）、培养基粒度过小透气性差、干料或者冰冻料造成的局部灭菌不彻底等，这些都会造成菌丝不能分解基质（不吃料）、不生长或者生长异常。如由于局部灭菌不彻底，接种初期黑木耳菌丝正常萌发生长，但随着培养时间延长，残留杂菌大量繁殖后会影响甚至阻碍黑木耳丝生长，形成颉颃现象。

接种时带入杂菌污染

灭菌不彻底造成杂菌污染

2. 发菌环境管理的影响

主要是温度、湿度和通风管理方面的异常波动造成菌丝生长异常。如培养温度大幅度变动就会影响菌丝生长状态，表现出菌丝浓密程度出现差异。环境温度过高和通风不及时则会造成菌丝生长缓慢甚至停止生长。培养室湿度过低造成菌包中培养基水

菌包受到螨虫侵害表现

分挥发过大，造成菌种不萌发或萌发后不生长。培养室菌包摆放过密、基质粒度偏小、装料紧实度过大，如果不加大通风量，就会造成发菌后期菌丝生长缓慢甚至停止。

菌包发菌期间出现杂菌污染是最常见的异常问题，导致染菌的原因很多，如培养基灭菌不彻底、菌种感染杂菌、接种环节带入杂菌、封口棉塞或盖体灭菌不彻底、封口滤菌效率不达标等都会造成杂菌感染。实际生产中还存在由于菌袋质量不达标、装料过于紧实、培养基颗粒锋利等原因造成装料的塑料袋被扎破形成微孔，引起杂菌感染和螨虫侵入，也造成了较大危害。

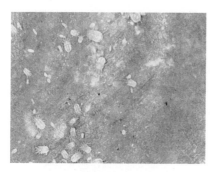

菌包基质中的螨虫

发菌期间杂菌污染

三、菌包生产设施布局及要求

1. 菌包生产环境要求

菌包生产应选择周围无工业三废和畜禽舍、垃圾场、各种污水及其他污染源。应交通便利，水、电供应充足。

2. 菌包生产区划分及要求

菌包生产应模块化布局，分为原料区、料包生产区、原种生产区、料包接种区和菌包培养区。各分区独立布局、按工艺流程衔接，并且应按照工艺要求设定不同洁净标准。生产流程中，各区域洁净通风系统设置应注意压差设置，洁净度越高，正压越大，确保气流由高洁净度空间向低洁净度空间流动，不可形成逆向流动。机械通风的进风口应远离排风口和污染源，并设空气不同洁净度要求的过滤装置。各生产功能区应建立环境洁净水平检测方法和相关制度，定期进行杂菌检测，对不符合标准的区域要及时消毒灭菌处理，并尽快确定污染源和污染渠道，及时整改。各功能区间应有必要的隔离设施和联通通道，确保可实现物料及其运输设备器械的单向运送和回收。

（1）原料区 原料区应设置在厂区下风口，根据原料性质建设仓储库、晾晒场和堆腐场，仓储库应防雨防潮防火，防虫防鼠；晾晒场应场地平整、光照充足、远离火源；堆腐场应配备水源且排水良好。

配料车间

（2）料包生产区 料包生产区开展配料、分装、料包灭菌和冷却。配料区应地面平整，空间充足，通风良好，配置水源及称量和搅拌设备。分装区应场地宽敞，配置分装设备。灭菌区应选用双门灭菌设备，两侧分别与分装区和冷却间相连，料包从分装区一侧进入灭菌设备、灭菌后从冷却间一侧移出直接进入冷却间（洁净度需达10万级）。冷却间应有洁净通风、强制冷却和干燥除湿设施，可根据料包生产能力和冷却能力分设洁净通风冷却预冷间和空调降温的强冷间。

料包分装生产线　　　　　　　　灭菌车间

（3）原种生产区　原种生产区负责液体种、木屑种和枝条种生产。其中木屑种和枝条种生产可使用菌包生产设备和场地设施，液体种则应建设洁净度要求更高的专用生产区域。

（4）料包接种区　料包接种区包括缓冲间和接种间。缓冲间应配备专用工作服和风淋设施，与接种室推拉门错位设置避免空气直流。缓冲间和接种间室内高度应在2.2～2.4m，天花板、立面及地面应光滑平整且凹弧形无死角连接，便于擦拭清洗消毒。接种间应光照良好、干燥防潮，配置洁净通风、紫外线灯和空调系统，空间整体洁净度应达到万级、接种区域局部达到百级。接种室运行期间需保持微正压（≥9.8Pa）。

（5）菌包培养区　菌包培养区包括菌包培养间和储存间。菌包培养间应洁净干燥、过滤通风、温湿可控。应配置环境温度、空气相对湿度、二氧化碳浓度等检测记录仪器和相应调控设备，应具备通风过滤系统和照明系统，与料包接种区通过专用洁净通道连通。菌包培养间一般采用层架式培养，层距≥0.4m、顶层距屋顶≥0.75m、底层距地面≥0.3m。培养间容量应与生产能力协调，尽量保证同一批菌包在同一培养间、同一培养间内菌包生产日期差异不超过3d。

液体菌种自动接种生产线　　　　　　　　液体菌种接种

　　菌包储存间用于成熟菌包开口出耳前储存。应具备控温控湿能力，一般控制温度范围4～8℃，并具备温度控制在25～30℃的能力，空气相对湿度50%～65%。

　　培养间通风口处应安装高效过滤网等防鼠防虫装置，使用前用"高锰酸钾+甲醛"或其他专用消杀药剂熏蒸消毒，养菌期间根据污染情况也可选用适当药物进行消毒处理。

发菌培养室　　　　　　　　　　菌包发菌情况

第六章　黑木耳田间出耳

　　黑木耳栽培主要包括露地栽培和棚室栽培两种模式。近年来，随着出耳管理技术和设施配套能力不断提高，以棚室立体吊袋出耳为代表的出耳模式更加完善，应用规模日渐扩大。棚室立体吊袋出耳不仅可以提高土地利用率，而且可以通过棚室遮阴、防雨、保温和控湿等功能，最大程度地发挥自然气候优势和消减异常气候不利影响，实现出耳时段、周期和季节调整，最终达到提高单袋产量、产品质量和栽培效益的效果。

　　露地栽培和棚室栽培对黑木耳产品的外观形态和营养成分含量都会产生差异影响。对5个品种比较研究表明，露地栽培的黑木耳泡发率大、硬度大、耐受拉力大，粗蛋白、粗纤维、灰分含量高；而棚室栽培黑木耳更厚，粗脂肪、多糖含量更高（郭兴等，2019）。露地栽培受自然气候条件影响较大，环境条件波动幅度大、光照强度大等，这些都对黑木耳生长过程和营养积累造成了较大影响。

　　结合黑木耳"遮阴栽培"和"全光栽培"的成功经验及研究成果，目前黑木耳棚室栽培管理技术越来越规范和有效。菌包立体吊挂方式更加稳固整齐，管理技术上更加注重通风控温、更加突出"干湿交替"、更加强调晒袋遮阴并举，同时借鉴了露地栽培集中催芽的环境控制技术，很好地发挥了棚室设施的调控作用，发挥了自然气候的优势、大幅降低了异常气候的危害。虽然与杏鲍菇等室内周年出菇相比有差距，但通过棚室设施的给水、遮阴、防雨、通风和晾晒等调控功能已经可以提供更为适宜的接近工厂化出耳环境，为实现黑木耳生产栽培全过程工厂化展开了有益探索和实践。

目前，黑木耳工厂化出耳主要受到两方面限制。一是经济效益问题，工厂化出耳成本高、产品竞争力不突出，综合效益上升不显著。二是设施调控能力问题，棚室内光照和通风弱，"干湿交替"出耳管理难度大，影响出耳抗性、出耳质量和单袋产量。在当前认知水平和栽培实践中，黑木耳出耳过程需要数次"干湿交替"和"光照温差刺激"，所以在工厂化出耳过程中需要频繁调控环境指标以满足耳片生长发育要求，这必然造成设施投入大、运行成本高和能源浪费严重等问题。因此，黑木耳工厂化栽培迫切需要选育出耳速度快、生物转化率高和棚室环境下产品质量突出的专用品种。在配套栽培技术方面应加强黑木耳子实体发育环境生理特性研究，进一步明确温度、湿度、光照、氧气等环境指标的数值水平、变化频率和变化幅度等对黑木耳子实体生长发育的影响，据此制定黑木耳出耳精准调控技术，依靠技术集成创新来提高出耳设施利用率、降低管理成本和提高产品市场竞争力。

第一节　出耳前准备

一、出耳场地及设施

黑木耳出耳场地应远离污染源，应选择通风良好、地势平坦、周围环境清洁、光线充足、保湿性能好、靠近水源，方便排水的场所。

出耳场地面积大小应根据排场菌包数量确定，一般每平方米场地可露地摆放菌包约25袋。

菌包运输

菌包短期堆放

1.露地栽培出耳

露地栽培出耳应根据地块大小设计出耳畦床尺寸。一般宽200cm，高15～20cm，长度依地块确定。畦床间距30～50cm，畦床表面应平坦有利于菌包摆放整齐平稳，浇水时和遇风时不易倾倒。畦床两侧挖好排水沟，利于浇水过多或遇大雨时及时排水，避免菌包浸水引起退菌、杂菌污染和流耳烂耳等现象。为防止浇水时泥沙溅到黑木耳耳片上影响产品质量，可在畦床表面铺设打孔地膜、无纺布等，既能透水、又能防止溅起泥沙。在铺设地膜之前需对出耳畦床进行封闭消毒等处理：床面拍实平整后浇重水使床面吃透水分，再向床面喷洒符合安全标准的杀虫剂、除草剂

菌包搬运筐

带孔地膜

等封闭药以防止杂草生长及杂菌发生，或直接在床面撒石灰进行杀菌、杀虫及预防草害。

微喷水带与菌包

给水喷头

2. 棚室出耳

出耳场地一般每平方米摆放菌包70袋。

棚室栽培出耳需构建专用栽培大棚，需满足承重、挂袋方便、给水、保湿、遮阳、调温、通风和排水良好等多项环境指标。以东北地区常用大棚为例，一般宽10m±2m，长度40m±10m，棚顶高度3.8m±0.2m，吊梁高度2.3m±0.1m，两根吊梁为一组间距0.29m±0.01m，作业道0.7m±0.02m。棚架与吊梁架可设计为一体式或分体式，分体式稳固性较好。在作业道上下各铺设水管线1条，上部微喷管每隔120cm处按"品"字形扎眼，按上雾化喷头，喷头间距120cm；下部放微喷水带。棚室面积应考虑棚内通风强度，有利于棚室内通风的栽培区域可以选择棚室面积大一些。大棚上先扣塑料棚膜再扣遮阳网，采用两块棚膜扣棚，两块大棚膜在棚顶重叠，以便棚顶开缝降温。棚顶上部可设置喷雾水带用于棚室整体喷淋降温。用压膜绳将塑料加固，挂袋时再扣遮阳网。两侧设地锚用于压实棚膜和遮阳网（遮阳度85%～95%），为方便塑料棚膜和遮阳网卷放应安装卷膜器。棚头与棚身单独扣膜，利于卷放棚膜通风换气。棚顶遮阳网外部可设置喷雾水管用于棚室降温，棚室内可安装水帘、风机等降温增湿系统，即在大棚棚头一端安装水帘，另一端安装负压风机。同时可增设温度、湿度、光照和二氧化碳浓度等监测设备和调控设备。

蓄水池

棚室外观

棚室内部结构

棚室挂绳及喷水带

棚室框架必须在上一年的秋季完成建设。棚室框架搭建完毕后，在地面上撒生石灰防止杂菌发生。可在地面垫草帘、遮荫网或无纺布等保持地面清洁，防止浇水时泥沙溅到子实体上影响产品质量。处理地面后可将棚室密闭熏蒸消毒。

水泵及管道

棚室喷水管路连接

二、菌包开口

当黑木耳菌包中菌丝长满并经过适当后熟管理后，就可以选择合适时机开口进行出耳管理。由于品种特性、栽培基质组方和形态、原种形式和接种量、菌包培养条件等多种因素的影响，黑木耳菌丝长满菌包的时间长短不一，菌包后熟管理的时间和培养条件也说法不一，目前还没有对于菌包成熟度指标的明确规定，绝大部分还是依靠生产经验进行判断。实践生产中，通常将后熟管理过程与菌包培养中后期管理和菌包开口前短期储存相结合，促进菌丝进一步分解基质和积累

开口器具

开口设备

营养。采取适当降温和增加温差光照处理，诱导菌丝体由营养生长向生殖生长转换，并逐步适应出耳环境。

后熟管理是否得当对菌包质量和后期出耳表现有重要影响。笔者研究表明，后熟管理阶段培养温度和时间直接影响菌包开口后的原基发生和耳芽生长，对菌包出耳的田间表现也有不同程度的影响，而且影响程度与栽培品种特性密切相关。菌丝生理成熟程度差会造成开口后出芽不齐和耳芽形成慢等现象。

菌包开口是通过人为地破坏菌包的外包塑料袋和部分基质菌丝，形成定向出耳位点。由于开口造成基质菌丝与外界环境的直接接触，造成菌丝呼吸活动增强和染菌风险增加，因此开口过程要做好菌包表面和开口器械消毒处理。开口后菌包应置于适宜的温湿度环境，适当加强环境通风，促进菌丝生长、愈合创口和发生原基。开口后应防止杂菌感染、防止菌丝呼吸活动旺盛造成菌包升温引起高温伤害，同时应避免通风过大造成开口处基质过度失水而导致不能出芽。

菌包开口前3～5d应加强通风换气、减弱温度控制，使菌丝

开口形式1

开口形式2

开口形式3

逐步适应出耳场地环境气候。菌包开口宜选择晴天，开口前应用0.1%高锰酸钾溶液或70%酒精擦拭菌包表面消毒和器械消毒，剔除杂菌感染菌包以避免开口器械连续使用造成交叉感染。开口深度一般为0.5～1.0cm。开口过浅，菌丝营养输送效率低，子实体生长缓慢且容易过早脱落；开口过深则会延长原基形成时间。

开口方式多种多样并直接影响耳芽发生量和耳片形态，应根据品种特性和管理模式进行选择。一般口型有V型口、星型口、十字口、斜线口和圆型口，大小（直径）0.2～0.5cm，数量180～260个/袋。也可根据产品大小和形态的特殊要求开大口，形成的黑木耳子实体朵大、产量高、耳片大而舒展。开口操作不仅影响耳芽发生形态和耳片大小，还与田间管理技术要求密切关联（陈志伟，2010；郭建华，2011；赵厚坤，2013）。大口一般子实体基部大、耳片集中簇生；圆型小口（钉子口）单片出耳、耳形圆整，要求菌包弹性好、培养料与塑料袋配合度高；要求田间管理给水通风操作更加精准。

菌包二次开口

菌包开口机械种类较多，可根据菌包大小、开口数量和开口形式选择。

第二节　出耳管理

黑木耳菌包开口后就进入出耳管理阶段，此阶段包括催生耳芽和育耳促熟两个环节。催芽环节既可以在培养室或者其他专门设施内进行室内催芽，也可以与育耳环节同在出耳畦床上或栽培棚室内进行室外催芽。育耳环节可以进行露地栽培，也可以进行棚室栽培，其中，棚室栽培由于调控设施应用可以更好地为育耳促熟提供适宜环境，已经成为黑木耳高效栽培的重要发展方向。

一、催生耳芽

黑木耳菌包开口后的催生耳芽环节包括开口处菌丝愈合、原基发生和耳芽分化生长等三个相继发生的生长期，这三个生长期虽然在出耳过程时间占比不大，但对高品质高产量出耳有着重要影响。为能达到高效栽培出耳，在实践生产中应采取集中催芽的管理模式，将同批次菌包集中放置、统一环境条件控制，最大程度提高催芽质量，最大程度提高菌包生理状态一致性，为下一步育耳促熟环节标准化高效管理奠定基础。

菌包开口后3～5d菌丝代谢活跃、呼吸旺盛，氧气需求量大、菌丝产热高，必须加强催芽环境通风和控温，促进开口处菌丝生长和创口愈合。避免氧气供应不足和基质内温度异常升高，同时防止过度通风和相对湿度过低造成开口处失水过大，导致菌丝死亡和"瞎眼口"。实践生产中菌丝愈合期应控制菌包基质温度18～25℃，空气相对湿度55%～65%，并且适当加强通风，促进菌丝生长和尽快封闭芽口。

1.菌丝愈合期管理

菌丝愈合期菌包集中管理时应特别注意避免由集中堆放和通风不良造成的堆内温度升高，导致"高温烧菌"，以致严重影响菌丝生长愈合和增加杂菌感染风险。虽然有些受到高温伤害的菌包在催芽阶段看不出杂菌污染和菌丝生长方面的异常，但高温对菌丝造成的生理伤害会显著降低出耳环节的抗性表现，细菌等杂菌感染也会造成出耳环节"流耳"和"烂耳"等现象发生。因此，在集中催芽的菌丝愈合阶段一定要避免堆温过高，最好控制在25℃以下。一般菌丝愈合期菌包应直立分层架摆放，不宜建大堆影响散热和通风。当然，过低的环境温度会影响菌丝生长，造成菌丝愈合慢和芽口过度失水，也会影响出芽率。因此，如果空间环境温度较低且能很好控制堆温的情况下可以建堆进行菌丝愈合管理，一般菌包卧式码垛3~4层，垛与垛之间应间距1~2cm，既有利于通风又能提高堆内温度促进菌丝愈合。

2. 原基发生期和耳芽分化生长期管理

菌包开口处菌丝愈合、基本长满芽口后应进行原基发生期和耳芽分化生长期管理。由于北方地区春季气候干燥、气温低、多风少雨，应充分利用固定棚室或临时设施，通过苫盖、遮荫、给水和通风等措施，集中调控催芽环境的温度、湿度、光照和二氧化碳浓度等条件，提高黑木耳出芽效率和出芽质量（张介驰等，2011）。草帘或塑料薄膜苫盖可以保温保湿；遮阴可以调控光照强弱和影响环境温度；给水可以增加空间相对湿度和水分挥发起到降温作用；通风可以调整催芽环境氧气和二氧化碳浓度、温度以及相对湿度。催芽环境温度调控在15~25℃，空气相对湿度80%~90%，二氧化碳浓度0.05%~0.1%。在原基发生期应适当加大温差和光照刺激以诱发原基，在耳芽分化生长期应维持温度相对稳定，加强通风促进耳芽生长。集中催芽可缩短出芽时间、保证出芽整齐度和减少异常气候伤害，提高出芽质量，为育耳促熟管理奠定基础。

在原基发生期和耳芽分化生长期管理中要密切注意各项环境指标变化，一定杜绝高温和缺氧造成生理伤害、杜绝空间湿度过低及通风过度造成芽口失水和袋料分离，同时也要避免温度过低造成菌丝和耳芽生长缓慢现象。

　　由于黑木耳栽培季节和栽培模式不同，所对应采取的催芽方式也有所不同，主要介绍以下集中催芽方式。

　　（1）露地集中催芽　目前，黑木耳栽培中露地栽培模式占比较大，一般采用在出耳畦床集中催芽方式，完成菌丝愈合、原基发生和耳芽分化生长后直接分床进行育耳促熟管理。这种催芽方式适用于北方露地春栽模式，操作简洁方便、避免了出芽菌包再次运输造成生产成本增加和耳芽受损，但是需要临时搭建催芽设施。

集中催芽场地

　　集中催芽在出耳畦床上进行，便于催芽后直接分床进行育耳管理。畦床应平整、无杂草，摆放菌包前应浇透水增湿，然后床面撒白灰或喷500倍甲基托布津稀释液消毒。菌丝愈合后的开口菌包集中摆放在畦床上，间隔2～3cm，畦床之间应间隔摆放以便催芽完成后分床摆放。根据栽培区域环境温度、湿度、风力和日照等指标，选择苫盖塑料薄膜或草帘，塑料薄膜主要用于控温、保湿和调节通风，草帘主要是防止光照过强引起温度上升和

集中催芽环境监控

集中催芽薄膜苫盖

热量散失造成温度过低。催芽环境相对湿度主要由地面水分挥发来维持，如湿度过低可以少量喷雾状水或向床面灌水。在菌丝愈合和原基发生初期，尽量避免向菌包喷水，一旦喷水则要打开塑料膜强化通风、苫盖草帘遮荫降温。催芽阶段要保持良好通风，同时起到降温作用，但是要注意防止长时间通干燥风，造成菌包开口处严重失水、菌丝干缩，甚至会造成基质失水和袋料分离。

集中催芽后要适时分床管理。分床时机应根据耳芽状态、耳片大小和天气情况综合考虑，在条件许可情况下尽量在可控条件下使耳芽充分长大，提高对露地气候环境的抗性。分床应避开雨天，在耳芽充分形成但没有造成菌包间耳片粘连的时候进行，并及时采摘菌包下部过大的耳片。

集中催芽草帘苫盖

集中催芽薄膜草帘覆盖

集中催芽中期

集中催芽后期及时分床

　　（2）棚室集中催芽　黑木耳栽培棚室具备多种环境条件调控设施，可以提供适宜的温度、湿度、光照、通风条件。因此菌包开口后可在指定栽培棚室内完成菌丝愈合、原基发生和耳芽分化生长等催芽环节，期间完成挂袋，然后衔接出耳管理阶段，避

棚室中菌包开口前菌丝恢复

免了菌包多次搬运、减少了染菌和损伤风险，保证了出耳过程的稳定性和连续性。这种集中催芽方式主要适用于北方棚室春栽模式。

　　北方春季温度较低、多风干燥，如果开口后直接挂袋催芽会增加环境保温控湿难度，保控不利则影响前期菌丝愈合，因此大都采用码垛方式进行前期处理，待原基发生和耳芽初步分化后再挂袋，进一步催芽管理和下一步出耳管理。

　　为减少包装搬运带来的感染杂菌等异常风险，可将培养好菌包运到指定栽培棚室，在棚室内开口，开口后进行催芽处理。运到栽培棚室内的菌包不能马上开口，应先放置7~10d，将菌包与大棚同向码垛、每垛码4~5层，苫盖草帘和塑料薄膜控制垛内温度18~22℃、湿度40%~60%，促进逐步适应出耳环境和菌丝恢复生长。码垛前应在地面铺设草帘和塑料薄膜隔寒防潮。期间可通过通风遮阴调整温湿度和增加温差及光照刺激，同时应绝对避免温度过高和低温冻害。根据菌丝恢复情况确定恢复时间，若时间

棚室中开口后集中堆放

过长应倒垛一次。

　　菌丝恢复后进行菌包开口，开口形式和数量根据品种特性和产品质量要求确定。开口后菌包码垛方式可参照菌丝恢复阶段操作，但要提高通风供氧能力和空间保湿能力。前期以促进菌丝愈合为目标，中后期以促进原基发生和耳芽形成为目标。菌包垛内温度保持15～25℃，湿度55%～65%，以控温和保湿为主，促进开口处菌丝愈合和进一步分化形成原基，防止开口处干燥失水、防止菌包内基质失水造成"袋料分离"。采用光照提温、遮阴降温、喷淋增湿、通风协调等综合调控措施，但在菌丝愈合前不可向菌包直接喷水。一般持续7～15d，菌丝封住出开口、原基发生、耳芽已发生但未大量分化时，即可挂袋和进行下一步管理。

　　菌包挂袋时机可根据自然环境温度情况和棚室调控能力灵活掌握。如自然环境温度已明显升高或湿度加大，即可以开口后直接挂袋进行集中催芽管理，避免码垛造成"高温烧菌"；如自然环境升温不明显，可以在菌丝愈合后挂袋；如自然环境持续低温，则可以催出耳芽后再挂袋。

棚室中挂袋操作

但如挂袋过晚，突出的耳芽会在挂袋时受到损伤。总之，无论是栽培棚室还是棚室内码垛，都是为了能够给催芽环节提供最有利和最适宜的环境，以棚室整体营造催芽环境操作优点在于观测方便、利于及时调整，缺点在于操作难度大费用高、环境条件均匀度差；码垛催芽优点是操作简便灵活，缺点是垛内温湿度和通风监测调控难度大、易发生"高温烧菌"。在生产实践中应根据栽培时段的天气变化情况和设施情况调整挂袋时机。

在棚内框架横杆上间隔20～25cm系紧两根尼龙绳，底部打结。把菌包口朝下夹在两根尼龙绳间，然后在菌包上方用长度4～5cm的专用铁钩勾住两根尼龙绳，即吊完第一袋菌包。随后按同样步骤在专用铁钩、两根尼龙绳间放置第二袋，再用专用铁钩勾住。以此类推，一般每组尼龙绳可挂8袋菌包。底层菌包距离地面30～50cm，有利于通风和避免泥沙影响黑木耳产品质量。为防止通风时菌包剧烈摆动和相互碰撞而致使耳芽或耳片脱落，可固定吊绳底部或整体链接吊绳底部，增加吊挂菌包稳定性。

菌包挂好2～3d内棚室应控制温度20～25℃，促进菌丝恢复和消除挂袋操作影响；向棚室地面喷水和向空间喷雾状水维持相对湿度80%左右，防止菌包开口处失水造成耳芽干缩；加强通风，尤其是喷水后要加强通风，避免高温高湿环境条件叠加。待

棚室中挂袋催芽

开口处菌丝和耳芽恢复后可以向菌包上浇水，促进耳芽进一步分化生长。此阶段耳芽刚刚形成，吸水能力弱，浇水应少量多次，相对湿度达到90%以上，控制温度15～25℃，加强通风和光照，促进第一潮耳芽充分生长。棚内温度高于25℃时卷起两侧棚膜通风，通风口由小渐大，通风可增氧降温控湿；温度低时应适当减少通风和增加光照进行保温和提温。北方春季夜晚温度低于15℃时耳芽生长受到抑制，可停止浇水。

棚室内催芽环节的管理方式应根据吊袋密度、吊袋高度和吊袋数量等因素灵活掌握，同时要考虑棚室内不同位置温湿度及通风情况的差异，应以地面浇水和雾化系统相结合来保持棚内湿度，同时

配合通风时间和通风量，尽量形成均一的催芽环境，保证菌包耳芽整齐一致。

棚室中挂袋耳芽形成

对于菌包开口后就挂袋或者菌丝刚刚愈合就挂袋的棚室应以开口处菌丝状态和生长要求合理调控温湿度和通风。由于棚室空间大，菌丝愈合期应保温保湿和弱通风为主；原基发生和耳芽生长期则应加强通风，加大温差和光照刺激，少量喷水致菌包表面湿润为宜，其后随着原基生长和耳芽发育喷水量可逐渐增多。在温度适宜条件下，一般持续7～15d，粒状原基即可逐渐分化生长形成幼小耳芽。

（3）室内集中催芽　室内集中催芽即是利用菌包培养室、储藏室或者其室内设施，创造适宜菌包开口处菌丝愈合、原基发生和耳芽生长的环境条件，这种方式适用于室外环境温湿度控制难度大的栽培季节和栽培区域，也可探讨作为菌包工厂化生产的

开口后室内恢复芽口菌丝

延续，用标准化集约化室内集中催芽提高菌包出芽质量进而提高田间出耳效果。

室内催芽环节的菌丝愈合期、原基发生期和耳芽生长期的环境条件调控要求与其他方式一致，可根据环境调控能力选择集中催芽菌包摆放方式。由于室内设施相对完善，环境指标可控性强、一致性高，菌包状态和催芽进展便于检查监测和及时调整，因此有利于

达到更好的催芽效果。由于室内集中催芽菌包还需要运送到出耳场地，因此待开口处形成刚分化的耳芽时就应通风降湿2～3d，使耳芽干缩并与菌包形成一个坚实整体，避免菌包运往出耳场地和摆放过程中损伤和碰掉耳芽。

室内催芽

北方秋季栽培开放催芽

（4）其他催芽方式 由于催芽过程中菌包遇高温会对菌丝造成严重伤害，会直接影响出耳产量、产品质量和田间抗性表现，因此在夏季和秋季的高温时期不宜采用室外密集摆放或者码垛堆放的催芽方式，应尽量散开通风，避免"高温烧菌"现象发生。

北方秋季栽培模式的催生耳芽环节难免遇到高温天气，因此必须做好通风降温。露地栽培模式中开口后菌包按照分床出耳要求在畦床上摆好，上面苫盖草帘或遮阴网遮阴降温，但不可遮挡通风。棚室栽培模式中开口后菌包直接挂袋，挂袋密度应参照春季栽培降低20%～30%，尽量保证良好通风和遮阴。

在菌丝恢复阶段应避免向菌包浇水，可在夜晚低温时段向地面浇水或空间雾状喷水以增加环境湿度，防止芽口干燥失水。由于夏秋季温度高，菌丝恢复快，待2～3d菌丝恢复后即可以少量多次浇水保湿，但一定要避免高温时浇水，加强通风，棚室内棚膜要全部卷起通风，加强光照刺激，促进形成原基和耳芽分化生长。

温度影响试验表明，20℃和25℃处理耳芽齐、生长快、产量高；30℃处理则耳芽发生率低、生长慢，但单口耳芽发生数量多。高温处理组耳片褐黄、不圆整、耳片长速慢、菌包污染严重。北方秋季高温多雨，露地栽培和棚室栽培的催芽过程都应该以降温、排湿和通风为主，菌包应该稀疏摆放和吊挂，利用遮荫和给水等方式降温，同时强化通风降低高温对菌丝生长不良影响。

南方长棒秋季栽培模式菌棒开口后可采用井字型或三角形堆放，或者直接排场进行养菌恢复菌丝，同样需要加强通风和适当增湿，一般采取地面浇水、畦沟内灌水或朝畦床喷水办法。通过分散排场后光照刺激和自然温度促进原基发生和耳芽分化生长，避免集中堆放造成"高温烧菌"危害。

二、育耳促熟

经过催芽阶段的黑木耳菌包应及时转入育耳催熟阶段，通过积极调控环境条件，协调菌包内菌丝生长和菌包外子实体生长两个过程，促进黑木耳高质量生长、减少病虫害发生，并最终获得高产量。露地摆放和棚室吊挂前应做好设施准备。地面应环境清洁、场地平整、方便取水和排水，环境应通风良好、光线适宜，应做好场地除草和环境消毒，做好给水遮阴等材料准备及安装工作，以便于及时从催芽阶段转入出耳管理。

黑木耳子实体生长需要充分的基质菌丝生物量和良好的菌丝活性支撑。在子实体持水膨润时，适宜温度下子实体和基质内菌丝同步生长。而子实体生长缓慢时则应停水通风，使子实体干缩和生长停滞，基质内菌丝继续吸收积累营养，为子实体生长蓄积能量。催芽阶段初期维持恒定湿度，耳芽可以依靠发菌时积累的营养进一步生长；当耳芽生长缓慢时应及时转入出耳管理，加强干干湿湿调控，促进菌丝进一步分解转化基质积累营养和促进耳片生长。

黑木耳出耳阶段时间长，经历气象条件多样；出耳环境设施条件和调控能力参差不齐，因此在出耳管理中应综合给水、通风、晾晒、遮阴等多种措施，结合出耳不同阶段环境要求，营造适宜环境，促进黑木耳高质量产出和减少病害等异常现象。

在出耳管理中要注意以下原则：一是注意协调菌丝生长和子实体生长。通过出耳期间给水和停水频度调控，进一步强化基质内菌丝质量，提高抗病能力和产出质量。二是注意尽量使子实体在适温条件下生长。环境温度偏高或偏低时了实体持水生长会导致产品质量和抗病能力下降，因此应在适宜温度条件下给水促进子实体生长，而在温度条件不适合的情况下停止给水、子实体干缩而停止生长。一般控制在16~28℃范围内子实体生长效果更好。在实际生产中可以通过控制子实体生长环境温度影响产品形态，如在高温条件下耳片薄、展片大、色泽更浅（高娃等，2014）。三是注意防止菌包基质水分过度散失。基质水分自然挥发、菌丝呼吸代谢活动和子实体生长等因素会造成基质水分散失，过度散失则导致袋料分离和影响菌丝活力，进而在塑料袋内的基质表面感染孳生杂菌和藻类，影响出耳质量和产量，因此应通过给水增加环境湿度和降低环境温度以减少基质水分散失，不能长时间阳光暴晒菌包和长时间停止给水。四是注意协调调控措施以杜绝高温高湿环境。高温高湿环境极易造成菌包内杂菌污染和流耳烂耳现象发生，应通过强化通风、遮阴降温和及时采摘等措施妥当处置。

出耳管理中给水是最重要的调控方式。耳芽催长初期阶段耳片小持水少所以给水量少、水分散失快所以应该频率多；耳片湿润膨胀时不能过度给水、耳片边缘收缩脱水时可再度给水。一般随着耳片生长，耳片展片速度加快、耳型由朵状逐渐变为片状、由厚变薄、颜色由浅渐深。耳片生长后期应逐渐增大水量和减少频率，使耳片干干湿湿间歇生长，避免基质内菌丝生长与外部子实体生长关联不畅。当耳片生长缓慢时则应停水涵养菌丝，停水时间应根据环境温度和出耳潮次进行调整，温度高潮次少时菌丝恢复生长快，则停水时间短，否则应延长停水时间。北方春夏出耳应选择夜晚相对低温时段给水、秋季出耳时则应选择白天相对高温时段给水，即选择适宜的温度时段给水，提高黑木耳产量和产品质量。给水还可以起到菌包降温和保湿作用，高温时段适当给水可以避免菌包温度过高和过度失水，但一定要同时加强通风，避免出现高温高湿环境。

出耳过程遮阳覆盖可以起到遮挡日照、防雨和降温作用，可以避免日光照射对菌包的升温作用，尤其是棚室栽培在抵御异常气候（温度异常、连续降雨）方面具有优势。但出耳过程需要增加光照，促进耳片代谢生长和黑色素形成，使耳片肥厚色黑，提高产品质量。因此棚室栽培中要经常性"去遮阴、增光照"，同时发挥日光紫外线消毒作用。试验表明蓝光处理耳片长速最快、耳片颜色最深，其次是自然光和绿光。可以考虑在棚室栽培中加入人工光源提高黑木耳色泽品质。

出耳管理应始终注意加强通风，尤其是棚室栽培要注意吊挂菌包密度不能过大、棚室上下均应设有通风口。通风可以起到降温除湿作用，避免出现高温高湿现象，有利于提高黑木耳抗病能力和产品质量，减少感染杂菌、耳片畸形、流耳、烂耳、拳耳异常现象的发生概率（王延锋等，2014）。

1.露地栽培育耳促熟

集中催芽后的菌包应适时分床摆袋进入育耳促熟管理环节。应充分利用"集中催芽"的设施条件催"大芽"，不宜过早分床。但分床过晚会导致菌包间耳片粘连，或导致生产期整体拖后，错过最佳出耳气候条件。

菌包摆放间距10cm左右，利于出耳畦床通风。出耳场地应提前安排好水源和布好输水管线，以便摆袋后及时进行管理。田间管理用水可用井水、自来水和无污染的河水。由于黑木耳田间给水时段相对集中，所以规模大的栽培园区需设置蓄水池，避免集

露地栽培出耳

中用水造成"水荒"。输水管线应合理布局干线和支线，菌包出耳场地浇水可采用微喷管和旋转喷头。微喷管是打有密孔的塑料输水管，浇水呈雾状喷出，水滴小而均匀，覆盖宽度可达2m，保湿效果好；旋转喷头需在塑料输水管道安置喷头，每个喷头可覆盖半径6~8m，水滴大、子实体吸水快，节水效果较好。在菌包出耳场地的浇水管线上应设置增压泵增加压力以保证浇水范围，同时设置定时开关控制浇水时长。

露地栽培大部分都是无遮盖的全光出耳管理，应根据黑木耳发育时期和天气情况等多个因素，通过调节浇水时机、时长和频率等方法创造黑木耳子实体生长的最佳环境。由于各种因素情况多变，而且可能互相交叉，因此，在实践生产中要认真分析、灵活制定管理措施。

育耳期是促进耳芽进一步发育成长的管理阶段，菌丝营养积累充分，足以支持子实体的初期生长。这个阶段浇水以轻喷、微喷为主，使菌包周围环境空气相对湿度85%以上，维持耳芽处于膨胀湿润的生长状态，不可使耳芽长时间过度充水、也不可长时间缺水干

缩。可通过湿润地面保持环境湿度，浇水时长以耳芽充水膨润即可停止，耳芽完全干缩前后可再次浇水。如耳芽生长慢则可减少浇水量，使耳芽干缩1～2d，但应保持环境湿度避免耳芽和菌包开口处过度失水，过度失水则干缩部位菌丝易老化衰退，影响进一步分化生长。

随着耳芽长大，进入耳片促熟期管理。这一阶段黑木耳子实体生长旺盛，养分需求大，必须注意协调基质菌丝生长和子实体生长两个过程。菌丝体需要进一步消耗氧气、分解基质积累营养和向子实体输送营养，进一步促进子实体生长成熟，因此此阶段

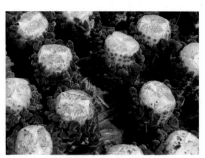

露地栽培出耳形态

应根据子实体生长速度进行"干干湿湿、干湿交替"的管理方法。即停水时子实体干缩、生长停滞，而菌包内菌丝继续吸收氧气、分解基质、吸收积累营养和储备能量；浇水时子实体吸水膨胀、恢复生长、消耗菌丝输送的储备营养，为菌丝体进一步发育施加"压力"；而停水后子实体再度失水过程可能也为营养由基质向子实体输送提供了"动力"。

因此在耳片促熟阶段由于耳片变大、持水能力强，应逐渐加大给水量。单次给水时长应该增加，以耳片充分吸水膨胀为止。不可喷重水或过头水。喷水同时应结合通风，以免高温高湿造成病害发生。给水频率则根据耳片水分挥发干缩的时间来确定，停水间隔期要考虑耳片的总体生长速度。应保留适当的停水间隔期，如果湿度过大会影响菌包基质菌丝呼吸活动，造成退菌、子实体腐烂、流耳、烂耳、杂菌或藻类污染等病害。如果耳片生长维持较快速度，

就可以增加给水频率；如果生长速度变缓，就要适当增加干缩状态的时长，进行"干干湿湿、干湿交替"管理。

给水时机应参考天气温度情况，应该在适宜温度区段进行浇水促进子实体生长，如选择夜晚低温时段浇水促进子实体生长，温度高于28℃时尽量不要浇水，高温下耳片生长质量差且易感染杂菌。

根据天气情况进行给水管理。晴好天气正常管理、阴天少浇水、雨天不浇水。遇高温天气则白天尽量不浇水，在夜间温度低时浇水。如遇干旱高温天气一定要在夜间多次浇水。遇温度低于15℃要少浇水。注意应以菌包内温度和气温协调考虑温度影

受水不均造成生长差异

响。根据菌包形态及耳片状态进行给水管理。菌包变轻或明显脱水时的情况要浇水保湿；菌包变沉则应该停水晒袋；菌包袋内存水应在底部划破排水并停水晒袋。耳片失水卷缩、耳基根部缺水时要浇水，待耳片伸展发亮，充分膨胀时可停水。

出耳阶段需要通风增氧，特别是在气温高、湿度大的情况下更需要强化通风。通风差会导致很多黑木耳生长问题，如杂菌污染、耳片畸形、流耳、烂耳等。因此要及时除去出耳畦床上生长的杂草、及时采收过大耳片以强化通风，尤其是必须保证浇水后良好通风。

促熟后期子实体耳根收缩，耳片展开并起皱，此时要停水准备采收。如继续给水会引起耳片发霉、烂耳、流耳。

2. 棚室栽培育耳促熟

棚室栽培技术是对黑木耳"遮阴栽培"和"全光栽培"成功经

验的总结集成，同时结合了栽培技术研究成果，目前已日趋系统、规范和有效。在露地栽培的基础上，棚室栽培的配套设施增加遮荫和防雨功能，通过棚室塑料薄膜围挡也在一定程度上提高了调控出耳环境温度、湿度和二氧化碳浓度的能力，虽然在光照

棚室栽培子实体生长中期

强度和通风顺畅度方面有所损失，但整体环境调控能力和抵御异常气候能力都得到了大幅度提升。黑龙江佰盛食用菌公司于2015年1月至2月间，在室外环境温度为-28～-5℃情况下，在阳光温室内5万袋菌包出耳试验取得成功，菌包开口和催芽出耳等环节的环境调控技术为全面实现黑木耳工厂化栽培奠定了实践基础。

棚室栽培育耳促熟阶段的管理要求与露地栽培基本一致，只是在操作方法更多地依靠棚室的配套设施来完成。根据气温和棚内温度情况，做好棚膜控温保湿、遮阳网遮阴和揭棚膜通风的协同调控，配合给水调控菌包内菌丝和菌包外子实体协调生长，达到黑木耳育耳促熟的最佳环境条件，实现黑木耳优质高产。

棚室栽培中菌包挂袋后还需要继续催芽管理，在耳芽分化期保证适宜湿度是关键，应避免出现干湿交替过程。菌包内外湿度差距过大极易造成"袋料分离"和"袋内憋芽"现象。同时要加强控温和通风，防止高温危害菌丝和造成杂菌感染。发现菌袋局部杂菌感染时，要及时清除避免交叉感染。

在育耳促熟期关键是防止温度异常和控制耳片适温生长，保证出耳质量。由于棚室内菌包密度大和通风环境相对较差，育耳期菌丝代谢旺盛、产热量高、呼吸强度大，因此易出现局部高温和菌包

缺氧现象。在生产实践中，随着棚内温度升高，可将棚膜上卷至棚肩或棚顶以加强通风。夜晚温度适宜时浇水控制耳片生长速度，以保证出耳品质。浇水时应先使耳片全部吸水膨胀，然后间隔浇水，使黑木耳子实体处于生长状态。喷水量视耳片大小形态而相应调整，防止耳片过度持水。

棚室栽培子实体生长后期　　　　　棚室栽培受水后子实体
状态

棚室顶部遮阴侧面通风调控　　　　棚膜升降调控通风及光照

　　高温情况下浇水时应注意加强通风，不可浇"关门水"。正常情况下应喷水后通风，每天通风3～4次，天热时早晚通风，气温低时在中午通风。温度高、湿度大时还可通过盖遮荫网、掀开棚四周塑料膜进行通风调节，严防高温高湿。棚膜可以逐渐上卷至顶部达到最大通风。遮阳网可以调整阳光照射强度并起到辅助降温作用。给水可以辅助降温和增加湿度，而且可以调控形成"干湿交替"环境，促进基内菌丝和子实体的协调生长。耳片生长期给水一定要干湿交替，以促进生长和减少病虫害发生。不浇水时将棚膜及遮阳网卷到棚顶进行通风和晒袋。增加光照能促进耳片水分散失，提高营养输送效率，且有利于黑色素形成，同时阳光中紫外线对霉菌有一定的抑制作用。

根据黑木耳品种特性和产品标准，一般15～20d耳片长到3～5cm，即可采收第一潮。

棚膜全开光照调控　　　　　　　即时测定菌包内温度

3. 其他方式育耳促熟

其他栽培方式还有北方秋季露地栽培和棚室栽培模式。由于秋季出耳栽培模式需要夏季养菌和开口催芽，易造成杂菌感染和生理病害，因此栽培规模不大。在实际生产中存在出耳前期温度高、生产成功率低，而后期气温急剧走低、产量偏低的双重风险，因此还需要进一步完善提高相关技术。在育耳促熟阶段调控理念与春季栽培一致，但需要更多解决前期高温和后期低温带来的风险。

南方（长棒）袋栽黑木耳技术上借鉴了代料香菇栽培技术，菌棒制作和发菌设施与香菇生产完全通用，生产方式及设施不同于短袋模式：在栽培季节安排上一般是夏秋养菌、秋冬出耳；菌棒采用长袋、内外两层塑料袋；采用多点接种，均采用固体菌种；菌棒采用叠棒培养，无需培养架；晒棒催芽、斜排出耳。虽然在具体操作方法上有所差异，但在黑木耳栽培管理方法上遵循的原则是一致的，都是要最大程度地发挥自然环境优势、规避劣势，创造最适宜黑木耳菌丝生长和子实体发育的营养及环境条件，获得最佳产量、最高质量和最大经济效益。

三、出耳管理中常见问题与应对

从菌包开口催芽到子实体采收，由于环境条件管理不当会出现多种问题，这些问题主要表现在催芽阶段"憋芽"和出耳阶段生长异常，并由此产生感染杂菌或"青苔"、菌包出"黄水"或"红水"、二潮三潮出耳困难等问题。出耳阶段已经无法解决菌种和培养基质的问题，仅围绕出耳环境调控上进行分析探讨。

1. 开口催芽阶段"憋芽"

表现为开口催芽阶段，耳芽不能很好地长出开口处而是在基质表面、塑料袋内大量生长，造成塑料袋开口处像"帐篷"一样支撑起来。后期随着浇水量增多，极易孳生杂菌，影响出耳和菌包外子实体生长。出现这种情况的原因主要是催芽过程中菌包

出芽异常（憋芽现象）

基质与塑料袋契合不好和菌包周围环境湿度温度不适合。由于装料

制包操作问题或者是发菌开口问题都会造成菌包基质与塑料袋契合不好甚至"袋料分离"，形成特定的原基及耳芽生存环境。如果此时没有在菌包外周围空间创造出更适合耳芽生长的空间环境，如湿度过低或温度偏低，就会造成耳芽在"袋料分离"的空间内生长，而不是向菌包外发育。解决这一问题一是要料包装袋紧实、防止菌包过度失水和避免"袋料分离"，二是要在催芽阶段避免"干湿交替"，尽力创造湿度和温度适宜的空间环境，促进耳芽尽快向菌包外生长。

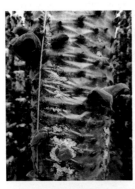

憋芽导致杂菌感染

袋料分离造成憋芽现象

憋芽现象

憋芽造成杂菌感染

憋芽影响子实体
产量和质量

催芽管理后菌包及子实体
正常形态

2. 耳片生长缓慢或异常

表现为黑木耳育耳促熟阶段子实体生长慢、形态异常、耳片弹性下降,继续浇水甚至会造成烂耳和流耳、弹性下降等现象,并且感染霉菌等杂菌几率也有所上升。这种情况应检查是否存在菌包感染细菌类杂菌,由于出耳阶段温度升高,细菌等活跃度和生长速度加快、并进一步影响危害黑木耳生长。另一方面分析原因可能是菌丝体和子实体生长缺乏有效协同,即认为菌包内菌丝体生长不佳无法支撑菌包外子实体生长。具体环境操作的原因推测有两个:一是子实体长时间处于湿润生长状态,导致菌丝体营养及能量输送跟不上;二是菌包开口处长时间处于湿润状态,导致菌包内氧气供应受阻而菌丝体发育受到限制。两个原因都是没处理好出耳阶段的“干干湿湿、干湿交替”管理造成的。为避免这种现象,在育耳促熟期必须干湿交替,停水使子实体停止生长、有利于子实体根部及菌包内菌丝进一步分解基质积累营养,以利于支撑子实体进一步生长。停水时间应根据菌包状态、出耳潮次和环境温湿度灵活掌握。

出耳异常

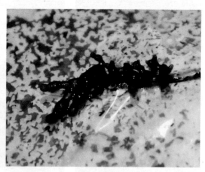
畸形耳

黑木耳出耳期间多发感染杂菌现象,后期则出现感染“青苔”现象。这些菌包受到感染首先是黑木耳菌包出现了适宜杂菌生存的营养和环境条件，其次是黑木耳菌丝活力下降或抗性减弱。因此，在田间管理中要通过环境调控促进黑木耳菌丝和子实体的最佳生长、同时杜绝杂菌等外源性侵染生物或限制其生长。目前黑木耳栽培还不能达到完全设施化，应尽可能利用露地栽培或棚室栽培有关设施，在加强通风和光照、协调控制温湿度等方面提高管理水平。

第七章　黑木耳采收与干制

第一节　采　收

一、采收要点

考虑出耳环境、管控技术和品种特性等方面的差异，黑木耳从分床到开始采收一般约需要30～40d。应根据子实体成熟度和产品标准要求及时采收，试验表明，在一定期限内延长子实体生长时间可提高总体产量，但子实体过大时又表现为产量逐渐降

待采摘菌包

低。采收过晚则耳片变薄、颜色变浅、散放孢子等影响产品质量，甚至会出现红根、流耳和表面破裂。子实体过大还会影响通风性能。因此采收时机对产品质量和产量都有一定的影响。

一般当耳片边缘下垂、边缘收缩、尚未产孢子前即可采收，也可以根据产品收购标准决定采摘时机。应分批采收，采大留小。小口栽培的黑木耳子实体采摘时轻轻扭下即可，大口栽培黑木耳宜用利刀割下，尽量不要破坏基质，以利于下一潮次黑木耳子实体

生长。小口出耳模式采摘后可停水1~2d，大口出耳模式则要停水3~5d，待创面菌丝恢复后继续给水管理，择机采收下一潮次。

采摘前菌包

露地栽培采收

二、采收后菌包出耳管理

正常情况下北方春季栽培的黑木耳菌包可采收2~3潮子实体，每潮次采收的黑木耳产量和产品质量与催芽及出耳管理技术和气候条件密切相关。在集中催芽阶段出芽整齐和耳芽长势好的菌包第一潮子实体耳片舒展、耳片厚、颜色深，品质好，产出集

采收后多潮次管理

中，可占总产量85%~90%；集中催芽效果不好或者出耳管理中受到异常天气影响时往往第一潮子实体产量低、品质差。因此应重视第一潮采收后的菌包出耳管理，继续创造有利环境促进耳芽分化生长，以期获得更高产量。

适时采收是黑木耳多潮出耳的关键。第一潮要及时采收、不宜过熟，否则容易造成菌包采收创口污染。采收后要根据天气情况停止喷水2～3d，使采收创口处菌丝适当干缩、促进菌丝生长。环境气温低和大口出耳菌包停水时间可适当延长，但应防止开口处基质过度失水。实践生产中发现，下一潮耳芽大部分是从原有耳基上分化生长出来的，因此管理时水份要适当，既不能过度停水造成耳芽干缩，也不能过度给水造成耳芽霉烂。

经过3d左右停水期后可参照集中催芽后期的管理方法，根据二潮或三潮耳芽情况向空间喷雾化水增湿，向菌包少喷勤喷促进耳芽生长，空气相对温度保持在90%，温度控制在15～25℃，加强通风。随着耳芽逐步长大，按照"干干湿湿、干湿交替"进行育耳促熟管理。

开袋顶菌包

开袋顶菌包出耳

由于采收后菌包的出耳管理需要进一步投入人力管理和水电消耗，因此应根据实际情况判断投入产出情况。如果第一潮出耳产量很高，或者采收后菌包表现严重失水、严重污染和采收创口严重干缩时，第二潮出耳难度大、产量低，因此应慎重考虑进

秋季开顶菌包采收

行采收后出耳管理。东北地区部分黑木耳产区在春季产量不高、菌包状态较好的情况下，选择秋季时在菌包袋顶开口或者环割开"袋顶"，停水充分晒袋至菌包表面坚硬，然后浇水进行出耳管理，也可以获得一定产量，且黑木耳产品品质与秋耳相近。

第二节　干　制

除少量鲜品用途需要采摘后低温保鲜处理外，黑木耳在采收后要及时晾晒或烘干。如不及时干制，会导致黑木耳子实体释放孢子，发生自溶、腐烂，也会导致附着的其他微生物进一步繁殖产生异味、甚至产生有毒有害物质。因此对于干制用途的黑木耳产品，可在采收前根据天气情况停水0.5～1d，以便于采摘和缩短晾晒时间。

简易晾晒棚

黑木耳子实体依靠日光和通风干制，晾晒一般采用安置在栽培场所周边晾晒棚，晾晒棚应有防雨薄膜，晾晒台架最好用透气

晾晒棚

遮阳网或纱窗布铺就，通风透气有利于缩短晾晒风干时间。晾晒过程应适当翻动以利于尽快晾干，但前期翻动易造成耳片卷曲变形、后期翻动易造成耳片破碎，因此应注意翻动时机和力度。黑木耳子

实体必须完全晒干，湿度过大会造成储存运输过程中杂菌滋生，产生不良气味和影响产品质量。

为满足不同市场需求，部分黑木耳产品在采摘前要喷水浸透，晾晒制半干时要人为揉搓翻动"造型"，然后堆置晾晒"成型"，最后彻底晒干，此法干制后的黑木耳产品多呈"碗状"或"茶叶状"卷曲。晾晒过程要及时将烂耳、红根、霉变的黑木耳及时挑出。晒干后装入编织袋内，放在防雨和通风凉爽处储存。

黑木耳干品1　　　　　　　　　　黑木耳干品2

采收期尽量避开连雨天，可以利用棚室设施抢前或者拖后采收。如确遇连雨天或连阴天，黑木耳首先应及时脱水，通过甩干或吸干等方法及时去除子实体表面水分；其次是要加强储存空间通风、除湿及降温；最后是利用烘干设备进行干制脱水。实践生产中可考虑与已晾干黑木耳混合吸湿。尽量降低黑木耳子实体含水量和便于短期保存，待连雨天过后及时晾晒。由于黑木耳生产规模大、子实体持水能力强、新鲜子实体含水量高，机械烘干难度大、能耗高，对产品质量影响较大，一般只能在特殊情况时采用。烘干起始温度以35℃为宜，每隔2h升温5℃，最高温度不应超过60℃；烘干过程应加强干燥热风循环。

第八章　黑木耳常见病虫害及其防控

黑木耳栽培基质经过严格灭菌，而发菌阶段与外界滤菌隔离、开口出耳阶段与外界交换窗口小，因此生产过程受到外界生物侵染几率相对较低。但随着黑木耳栽培规模扩大，侵染性病害、非侵染性病害（生理性病害）和虫害发生概率增大、危害日益严重，已经成为影响黑木耳产量和品质的重要因素之一。因此，需要加强对黑木耳栽培病虫害研究和认知，做到"预防为主、综合防治"，使用农药应符合《绿色食品　农药使用准则》NY/T 393—2013和《农药安全使用规范　总则》NY/T 1276—2007要求，按照《食用菌生产技术规范》NY/T 2375—2013中4.6病虫害防控的规定进行防控。不得使用国家明令禁止使用和限制使用的农药品种，出耳期间不向耳片上直接喷洒农药，应按照农药安全间隔期采收。

第一节　常见病害及其防控

黑木耳栽培基质营养相对丰富，发菌和出耳阶段温度适宜、湿度较大，因此容易受到其他微生物侵染，形成侵染性病害。另一方面，黑木耳发菌和出耳过程会由于基质条件和环境条件的异常引起生理性病害，如菌丝异常死亡、子实体腐烂等现象。

一、常见侵染性病害

目前，关于黑木耳侵染性病害的研究报道主要集中于病害特征等方面，从病原菌角度介绍侵染性病害的研究并不多见，目前对黑木耳"面包菌病"或"基质软化病"致病菌黄孢原毛平革菌（刘佳宁等，2014）、"白毛病"致病菌镰刀菌（尖孢镰孢和厚垣镰孢）（孔祥辉等，2011）和"黑皮病"致病菌可可毛色二孢菌（可可毛色二孢菌）（宋婷婷等，2014；刘佳宁等，2015）等已有报道，但大部分病原菌的致病机制尚不明确。

（一）细菌病害

细菌个体很小，大量聚集可形成明显菌落，菌落形状、大小和颜色各异。细菌污染母种有时可以看到明显菌落，致使斜面菌丝不能正常蔓延；细菌污染原种和栽培种表现为培养料黏湿、色深并伴有腐臭异味，竞争性消耗营养，产生代谢产物致使黑木耳

细菌侵染

菌丝不能正常生长或停止生长。引起污染的细菌种类很多，最常见的有芽孢杆菌、假单胞杆菌和欧文氏杆菌等。

1. 黄水病

（1）症状　木耳生产种和菌丝培养阶段均可发生。发病初期木耳菌丝能正常生长，但表现为末端生长不整齐或有明显的缺刻，中、后期随着细菌的繁殖，木耳菌丝停止生长，并在袋壁或料面产生黄色分泌物（黄水），最后致多种真菌（如木霉、青霉）的继发感染使菌棒发生腐烂。

（2）原因分析　主要由乳酸菌和芽孢杆菌等一大类耐热性细菌感染引起。①菌种隐性带菌；②料袋接种时，无菌操作不规范；③培养料灭菌不彻底；④培养基中淀粉和蛋白质过高；⑤培养过程昼夜温差、阶段性温差过大发生冷凝水沉积，导致细菌感染。

（3）防治对策　①选用菌丝末端生长整齐、菌丝密集，分布均匀，无缺刻无黄水、适龄的菌种生产菌棒；②接种时严格无菌操作规程；③严格按规定配方，避免加入过多的富氮物质（如麸皮）或粮食类原料；④培养过程控制恒温培养。

另外，由于发菌阶段和开口催芽阶段高温以及环境通风不良也会引起不同程度的菌包"吐黄水""吐红水"现象，严重影响后期出耳表现。

2. 流耳病

（1）症状　耳片呈自溶态势变成胶质状流体流下。症状一般从耳片边缘开始出现，逐渐向耳根发展，最后使整个耳片变成胶质流体。

（2）原因分析　多种细菌引起。温度超过25℃、高湿度、通风不良、喷灌水不洁、害虫侵食等也是重要诱因。

（3）防治对策　①选择气温25℃以下天气排场；②采用无污染的深井水、山泉水或溪水喷灌；③采用干、湿交替法补水，加强通风；④耳场使用前杀虫、灭菌，出耳过程保持出耳场地的清洁；⑤耳片成熟后及时采收，清理耳根；⑥出现流耳时，要及时清理病耳，停止喷水，用石灰粉杀菌。另外，在栽培出耳管理中过量持续浇水也会造成流耳现象，应防止过度浇水和利用棚室设施减少"连雨天"影响，避免"流耳"现象发生。

（二）真菌病害

单细胞或多细胞丝状真菌，菌丝白色、较粗状，随着生长逐渐产生各种颜色的分生孢子。其中，霉菌与黑木耳生活条件类似，分布广泛，侵染几率大，可通过营养竞争、抑制菌丝生长或杀死菌丝等方式影响黑木耳菌丝和子实体生长，是危害最大的杂菌类型，而且一旦发生很难根治。霉菌种类很多，常见的有青霉、木霉、曲霉、毛霉、根霉和脉孢霉等。

1. 木霉病

（1）症状　木霉俗称绿霉，菌丝灰色较浓密，生长速度很快，从菌落中心开始逐渐出现绿色或暗绿色粉状霉层。木霉菌丝能分泌毒素使食用菌菌丝不能生长或逐渐消失死亡，常造成菌包霉烂。在酸性和高温高湿条件下易滋生。该病多发生于菌丝

镰刀菌侵染

培养期，排场期及春季出耳后期的菌棒上。培养期发病表现为在接种口或菌棒内出现绿色点状或斑块状，很快发展成片状，出现绿色霉层；排场期发病表现在气温较高天气排场，菌棒靠近地面底端或下半侧出现块状的绿色霉层，逐渐向中上部蔓延，发生整支菌棒腐烂；春季发病多发生气温升高多雨天气，整支菌棒发生绿色霉层而腐烂。

（2）原因分析　①采用淀粉含量高的稻谷、麦粒或玉米制作的原种转接生产种，生产种培养后期易受到杂菌感染，而使菌种本身带菌；②使用老化或活力弱的菌种生产；③培养料使用棉子壳或大颗粒原辅材料配制，未预湿导致灭菌不彻底；④生产场所、灭菌场所、冷却场所、接种场所、培养场所病菌基数高，通过空气传播；⑤接种人员双手和接种工具在使用前未按规定操作而传播。

（3）防治对策　①避免使用淀粉含量高的原种、生产种生产菌棒；②使用新鲜、干燥的木屑等原辅材料配制培养基；大颗粒的原辅料使用前须先预湿；严格按规定配方，避免加入过多的富氮物质（如麸皮）；③料袋灭菌后要堆放在干净场所密闭冷却，保持接种室和培养室内的卫生和干燥，定时进行消毒，遇连续阴雨天气，采取撒生石灰的方法吸湿；④选择24℃以下天气排场，排场后耳芽长出前遇高温或大雨天气，采取架设遮阳网或薄膜等设施遮阳遮雨；⑤南方长棒栽培尽量在翌年4月上旬前采收结束。

2. 青霉病

（1）症状　菌丝生长不快，但能很快长出绿色分生孢子形成粉状霉层，能明显抑制黑木耳菌丝生长和子实体生长。在高温高湿条件下极易发生，可通过气流、水流和昆虫等传播青霉病症状：症状与绿霉病相似，发生时斑块比木霉大，色泽比木霉病稍深。

（2）原因分析　青霉感染，原因与木霉相似。

（3）防治对策　同木霉病。

3. 毛霉病

（1）症状　发生在接种后的3～10d，表现在接种穴的周围出现纤细、色淡的白色菌丝，生长迅速，5～7d即可达到碗口大，有些出现黑色孢子。木耳菌丝能生长，但速度慢。菌丝稀疏、粗壮，生长迅速，表面形成很厚的白色棉絮状菌丝团，随着生长逐渐出现细小、黑色的球状分生孢子囊。

（2）原因分析　毛霉感染。该菌以孢子形式传播，主要存在于原料、土壤和发霉的原辅料中，在温度高、湿度大、通风不良条件下发生极快。

（3）防治对策　①菌种、原辅材料选择处理及生产场所的清理消毒同木霉病的防治对策；②料袋灭菌后要充分至料心的温度降至28℃以下接种。

4. 根霉病

（1）症状　发生在菌丝培养期间，初侵染时无明显的菌丝生长，只有匍匐于表面的呈蛛网状的菌丝，危害后期在料袋壁上出现黑色小点，手按菌棒有粗糙不平的硬粒感。

（2）原因分析　黑根霉感染，发病原因与毛霉相似。常生活在面包、谷物、块根和水果上，也存在于粪便、土壤中；喜中温、高湿、偏酸环境。根霉（Rhizopus）菌落初形成时为灰白色或黄白色，孢子囊成熟后变成黑色。匍匐菌丝弧形，会产生假根。

（3）防治对策　①菌种、原辅材料、生产环境选择与处理同木霉防治对策；②发病料袋用pH值10以上的石灰水进行处理可抑制。

5. 链孢霉病

（1）症状　发生初期，接种穴或袋破损口的四周出现纤细棉絮状的菌丝，感染后1～3d即可出现橘黄色粉末状物质，并在料袋破口处形成橘黄色或白色粉团，很快就在菌袋间蔓延。出耳期发生于排场期遇高温高湿天气，表现在菌棒刺孔口出现白色粉团。

（2）原因分析　①菌种带菌，由于南方袋料黑木耳菌种在高温季节制种，棉花塞受潮、菌种袋有破口等感染了链孢霉；②生产环境有玉米芯、未经处理的废弃料等；③菌棒刺孔后菌丝未恢复就排场，遇高温高湿天气，引发病害发生。

（3）防治对策　①菌种、原辅材料选择与处理同木霉防治对策；②生产场所远离污染源，彻底清理生产环境中上季生产留下的废弃料、废菌袋、霉变的果实及玉米芯等淀粉含量高的物质；③南方长棒栽培选择在10月下旬至11月上旬气温下降至25℃以下排场，菌丝恢复之前不能朝菌棒直接喷水；④遇下雨天气，腾空架设薄膜防止雨水直接进入刺孔口；⑤用柴油浸湿棉花团，直接按压在感染部位，并用湿报纸包裹感染菌棒搬至其他场所隔离处理，防止孢子四处飞散相互感染。

6. 黄曲霉病

（1）症状　南方长棒栽培多发生于在7—8月高温天气制袋的菌棒内，菌丝成熟期短，感染后1～3d即可出现微黄色或暗黄色霉层，并使木耳菌丝停止生长、消失，最后黄色霉层占领整个料袋。

（2）原因分析　①原辅材料不新鲜，发生霉变；②栽培环境不洁；③常压灭菌采用大颗粒的原辅材料或使用棉籽壳配制培养基，事先未预湿，或菌棒堆叠不当，蒸汽不畅通造成死角灭菌不彻底而引起。

（3）防治对策　①木屑、麸皮、棉籽壳等原辅材料需充分干燥后堆放在阴凉、通风、干燥的场所；②栽培环境清理同上；③每灶灭菌数量控制在5 000袋以内，菌棒堆放要保持蒸汽畅通，棉子壳要充分预湿后配制培养基。

7. 可可毛色二孢菌病

可可毛色二孢菌菌棒所产生的黑木耳子实体形态与对照无明显差别。但营养成分却发生了很大变化，其蛋白含量显著下降，总糖含量显著上升，钾离子明显下降。

8. 其他真菌病

黑木耳生产过程中还亦受到酵母菌感染，酵母菌个体比细菌大，菌落比细菌菌落

可可毛色二孢菌侵染

大而肥厚，多为圆形，有黏稠性，不透明，多数乳白色，少数粉色。可污染各级菌种，母种培养基上最常见。酵母菌侵染并大量繁殖后会发酵变质，散发出酒酸气味，竞争性消耗营养，代谢产物影响黑木耳菌丝不能生长。常见的污染源有红酵母（*Rhodotorula rubra*）、橙色红酵母（*R. aurantica*）和黑酵母（*Aureobasidium pullulans*）。

出耳后期"青苔"感染

杂菌侵染1

杂菌侵染2

杂菌侵染3

二、非侵染性病害（生理性病害）

1. 发菌慢

（1）症状　接种后，菌丝虽然萌发，但不吃料或吃料后生长速度很慢。

（2）原因分析　①装袋时间太长或灭菌升温太慢，料袋变酸；②培养料水分太多，或颗粒太小，导致料袋缺氧；③南方长棒栽培早秋接种温度过高，晚秋接种气温过低；④木屑中含槐、樟等油脂芳香类木屑，或所用的木屑含杀菌剂或油漆等化学物质。

（3）防治措施　①控制每灶灭菌数量在5 000袋以内，装袋至灭菌升温100℃时间控制在8h内，气温高时用碳酸钙或石灰将培养料pH值调节到7；②科学配制培养基，颗粒粗细搭配，含水量在55%～60%；③选择无芳香味、无油脂，不含杀菌剂、油漆等新鲜的木屑配制培养基。

2. 接种块不萌发或不吃料

（1）症状　①接种后菌种不萌发，几天后接种块布满绿色霉层，培养料内毛霉等杂菌开始蔓延；②菌丝萌发慢，呈很淡的灰白色，菌丝在料内生长纤弱、无力，生长速度缓慢；③培养基拌料不充分均匀，部分菌包或者菌包局部酸碱度等条件不合适。

（2）原因分析　①菌种处于高温或缺氧的条件下培养，菌丝活力下降，或菌龄太长；②料袋灭菌后没有充分冷却；③培养基拌料不均匀，部分菌包或者菌包局部酸碱度等条件不合适。

（3）防治措施　①选择菌丝纯白，粗壮，在良好的条件下培养，菌龄在35～45d的菌种；②料袋灭菌后料心温度降至28℃以下方可接种；③培养基应充分预湿，拌料时间应充分，保证拌料均匀。

3. 菌丝稀疏

（1）症状　菌丝在料内生长纤弱、无力，生长速度缓慢，颜色呈灰白色。

（2）原因分析　①种性退化、菌种老化或菌种在高温或缺氧的条件下培养；②培养料水分偏低，颗粒细，通透性差，酸碱度不适；③培养环境温度过高，通风不好。

（3）防治对策　①菌种选择、培养料配制参照上述防治措施的要求；②长江以南地区安排在9月上中旬至10月上中旬接种，使用人工措施控制培养室温度在24～28℃，并加强通风。

4. 退菌病

（1）症状　发生于菌棒发菌后期或后熟期完成刺孔后。表现为原来浓白菌丝体逐渐变淡，料袋变松软，耳料脱壁、变黄，最后出现黄水。

（2）原因分析　①菌棒培养后期环境温度长时间超过28℃，引起高温烧菌；②菌棒刺孔后，菌丝代谢活动旺盛，菌棒温度大幅度升高，引起高温烧菌。

（3）防治措施　①"#"堆叠为"▽"堆叠，并加强通风；②选择气温25℃以下时刺孔，刺孔后及时散堆，并进行强通风，或直接排场。

菌包冻害造成耳片颜色变浅发黄　　　　　　烂耳病害

5. 干孔病

（1）症状　耳袋刺孔后，孔内菌丝不能恢复，大量菌丝枯萎、死亡，刺孔处呈黑点状。

（2）原因分析　耳袋刺孔后直接排场，遇高温、大风等干燥天气，致使刺孔开口处水分过度散失，菌丝不能恢复。

（3）防治对策　①选择低温（20℃以下）、阴雨天刺孔；②刺孔后在培养室内恢复7～10d，在气候适宜时排场；③刺孔后直接排场，需采取在畦沟内灌水或在畦床表面喷水的办法提高空间湿度，若菌棒排场后出现连续出现7d以上的高温晴热天气，可采取在离菌棒2m以上高处平行架起一层遮阳网，并朝菌棒喷少量洁净的雾状水保持刺孔口湿润，促使菌丝恢复。

6. 袋壁耳

（1）症状　菌棒排场后，耳芽和成耳不在刺孔中正常出耳，而是在袋壁下大量形成耳芽，而后受杂菌污染导致菌棒腐烂。

（2）原因分析　①刺孔中菌丝死亡（见"干孔症"）；②料袋装料时过松，造成料、袋脱开；③菌棒培养时受高温或后熟过度，造成料、袋脱开；④排场后温度不适（过高或过低）、外界空气湿度过低。

（3）防治对策　①菌棒培养从前期（28℃以下）到后期（25℃以下）要逐渐降温；②菌棒菌丝满袋后，后熟7～10d，在适宜气候下及时排场；③在20℃以下排场，排场后要通过在畦沟灌水或畦面喷水的方法提高空间湿度，保证耳芽正常诱导；④配制培养基时，保持含水量在55%～60%。

菌包"糊巴病"

菌包"夕阳病"

三、病害综合防控

根据黑木耳栽培病害发生的特点，对病害防控应该突出"切断外源侵染途径、优化黑木耳营养和环境条件、选育良种提高抗性"三个方面，做到"预防为主、综合防控"。

1. 切断外源侵染途径

提高生产环境卫生洁净水平，做好关键生产区域消毒灭菌，培养基质彻底消毒，接种严格无菌操作和严防菌种不纯和，发菌全程杜绝杂菌污染，开口出耳阶段通过环境条件竞争和营养竞争降低外源侵染风险。更好地了解病原菌侵染特点及病害循环规律，有的放矢的切断外源侵染条件。

2. 优化黑木耳营养和环境条件

提高黑木耳栽培营养条件和环境条件研究和技术应用水平，针对各生长阶段需求实施优化栽培管理，避免异常条件对黑木耳生长发育过程的影响，减少生理性病害发生几率；对已发生病害的，尽量降低病害发生的危害程度；同时提高对外源侵染风险的抵抗能力。

3. 选育良种提高抗性

选育抗病优良菌株，提高抗杂菌和抗逆能力，从根本上解除病害危害。病害防控要做到农业防治、生物防治和化学防治相结合。以农业防治为主，加强环境、原料和生产方式方面的改进提高，及时清理消毒发病子实体和培养料等；优先使用无公害生物防治技术和药剂；化学防治要规范用药，对剂量和使用方法灵活调整，避免出现药害和产生抗药性。实际生产中应优先考虑使用石灰或漂白粉水溶液、酒精、甲醛等对杂菌感染进行处理，控制病菌蔓延。

黑木耳南北方栽培模式不同（如南方长棒栽培和北方短包栽

培），发菌和出耳时期的季节变化特点也有所不同（如南方夏秋养菌冬春出耳、北方冬春养菌春夏秋出耳），因此在生产实践中遇到的病害表现形式和致病原因也有较大差异，应根据具体生产过程特点认真分析致病原因，并采取适宜的防治措施。

第二节　常见虫害及其防控

一、常见虫害

眼菌蚊（又名菇蚊、菌蛆）幼虫蛆状，蛹初为白色渐成黑褐色，成虫为黑褐色小蚊，卵为圆形或椭圆形。幼虫蛀食培养料、菌丝体和子实体，蛀食木耳后出现烂耳。相似的虫害还包括蚤蝇（菇蝇、粪蝇、菇蛆）、黑腹果蝇、黑木耳果蝇等，幼虫取食菌丝和子实体，造成退菌、烂耳等，成虫传播虫害，有的成虫啃食子实体。

螨类又叫菌虱、菌蜘蛛，可以直接取食菌丝，造成接种后不发菌或发菌后出现"退菌"现象。螨类繁殖力极强，一旦侵入危害极大，是危害黑木耳栽培的主要虫害。成螨体长0.3~0.8mm，喜湿暖湿润环境。螨类主要通过培养料、菌种或蚊

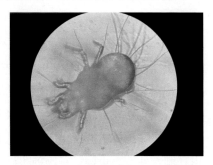

基质中螨虫

蝇类害虫来传播。螨类以蒲螨类和粉螨类危害最为普遍和严重，应多方面加强防控。

线虫多为乳白色透明，在成熟时体壁可以呈褐色或棕色，一般体长约1mm。主要取食黑木耳菌丝，危害后均造成烂耳和流耳。高

温高湿季节容易严重发生。通过被线虫感染的水、土壤传播，也可通过螨、蚊、蝇、小动物携带传染或人为采收时交叉感染。

其他有害生物如蓟马、跳虫、蛞蝓、蜗牛等取食危害黑木耳菌丝体和子实体，传播杂菌感染及虫害，影响黑木耳生长质量和产量，影响栽培综合效益。

二、常见虫害防控

黑木耳生产中虫害防治最根本方法应从控制环境和净化基质入手，经常清理场地，搞好环境卫生。发菌及出耳场地周围严禁堆放垃圾、腐烂瓜果、枯枝落叶、菌渣废料等，必须远离猪、牛等家禽家畜养殖场所，并在易孳生虫害区域撒石灰粉消毒。应及时清除栽培出耳场地积水。对栽培基质应强化培养基高温处理，通过严格高温处理杀灭基质内滋生病虫，从源头减少发菌期间和出耳期间的病虫危害。

发菌期间防止病虫侵入菌包，选用适宜塑料袋和改善装袋工艺，防止出现微孔；做好菌包封口；做好发菌室防虫，防止菇蚊、螨虫等病虫入侵污染。

出耳期间保持生产环境清洁，排水通畅、强化通风；用清洁水源浇水，防止水中携带线虫等虫源；虫害多发时节可在出耳棚室外设防虫网进行物理防控，也可以挂诱虫灯、诱虫板进行诱杀。

螨虫侵染菌包

药剂防控应符合安全使用标准。禁止有剧毒的有机汞、有机磷等药剂用于拌料、耳场防治；残效期长、不易分解及有刺激性臭味的农药不能在出耳期使用。子实体时期绝对禁止使用毒性强、残效期长或带有刺激臭味的药剂；防治黑木耳病虫害应选用高效、低毒、低残留的药剂，并根据防治对象选择药剂种类和使用浓度对症下药；使用农药时要先熟悉农药性质；尽可能使用植物性杀虫剂和微生物制剂。

对眼菌蚊等害虫初发时可进行人工捕捉、集中杀灭。利用成虫趋光性和趋味性诱捕成虫并杀死。在发菌期和出耳菇间隔期用菇净、氧氟菊酯、甲氨基阿维菌素等低毒农药500～1 000倍液，整个场地要喷透、喷匀。

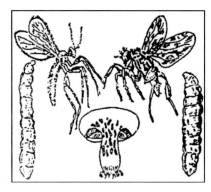

眼菌蚊

螨类防治贮藏培养料和发菌期间可选择专用药物熏蒸杀螨，应多次熏蒸、彻底杀灭螨类危害。菌螨危害较轻时可利用糖醋液或肉骨头诱杀。

蛞蝓、蜗牛有害生物防控应搞好耳场环境卫生，清除有害生物孳生场所。可根据习性进行人工捕杀；可在经常出入处喷五氯酚钠或5%煤酚皂溶液、撒新鲜石灰或食盐阻隔防治。

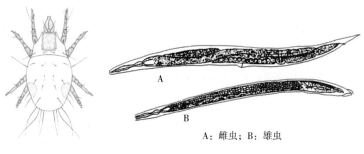

A：雌虫；B：雄虫

腐食酪螨　　　　　　　　小杆线虫

参考文献

陈影，姚方杰，张友民，等，2014. 木耳新品种'吉黑3号'[J]. 园艺学报，41（8）8：1 751-1 752.

崔学昆，2006. 不同喷水方法对黑木耳产量及品质影响的研究[D]. 长春：吉林农业大学.

高娃，韩增华，戴肖东，等，2014. 黑木耳不同培养温度出耳期耐高温比较[J]. 中国食用菌，33（6）：26-28.

郭建华，夏建平，陈可义，2011. 袋栽黑木耳刺孔方法试验[J]. 食用菌（4）：32-33.

郭兴，李占君，刘继云，等，2019. 寒地地栽和棚室挂袋栽培黑木耳对比分析[J]. 中国林副特产（3）：14-16.

孔祥辉，刘佳宁，张丕奇，等，2011. 东北地区木耳"白毛菌病"的病原菌[J]. 菌物学报，30（4）：551-555.

李玉，2001. 中国黑木耳[M]. 长春：长春出版社.

李玉，图力古尔，2003. 中国长白山蘑菇[M]. 北京：科学出版社.

刘佳宁，马银鹏，王玉文，等，2015. 黑木耳"黑皮病"病原菌鉴定[J]. 黑龙江科学，6（1）：4-6，20.

刘佳宁，王玉文，孔祥辉，等，2014. "黑木耳代料栽培培养基软化病"病原菌鉴定[J]. 黑龙江科学，5（11）：10-13，25.

马庆芳，张介驰，张丕奇，等，2013. 不同玉米芯粒径及培养料含水量栽培黑木耳的试验[J]. 食用菌（2）：28-29.

宋婷婷，蔡为明，金群力，等，2014. 一种袋栽黑木耳共生菌的鉴定及其共生效应初步研究[J]. 微生物学通报，41（4）：614-620.

万佳宁，2009. 小孔出耳法对黑木耳品质影响效应及机制的研究[D]. 长春：吉林农业大学.

吴芳，员瑗，刘鸿高，等，2014. 木耳属研究进展[J]. 菌物学报，33（2）：198-207.

姚方杰，边银丙，2011. 图说黑木耳栽培关键技术[M]. 北京：中国农业出版社.

姚方杰，张友民，陈影，等，2011. 我国黑木耳两种主栽模式浅析[J]. 食药用菌，19（3）：38-39.

袁卫东，宋吉玲，陆娜，等，2015. 不同粒径桑枝屑对黑木耳菌丝生长及产量的影响[J]. 食用菌（6）：31-32.

张介驰，2011. 黑木耳栽培实用技术[M]. 北京：中国农业出版社.

张介驰，马庆芳，韩增华，等，2011. 东北地区黑木耳袋栽新技术阶段性总结[J]. 食药用菌，19（5）：34-35.

张金霞，陈强，黄晨阳，等，2015. 食用菌产业发展历史、现状及趋势[J]. 菌物学报，34（4）：524-540.

张鹏，2011. 木耳形态发育及木耳属次生菌丝和子实体的解剖学研究[D]. 长春：吉林农业大学.

邹莉，姜童童，王玥，等，2014. LED光源不同光质对黑木耳菌丝体生长的影响[J]. 安徽农业科学，42（10）：2 855-2 856.

Fang-Jie Yao，Li-Xin Lu，Peng Wang，et al.，2018. Development of a molecular marker for fruiting body pattern in *Auricularia auricula-judae*[J]. Mycobiology，46（1）：72-78.

Li-Xin Lu，Fang-Jie Yao，Peng Wang，et al.，2017. Construction of a genetic linkage map and QTL mapping of agronomic traits in *Auricularia auricula-judae*[J]. Journal of Microbiology，55（10）：792-799.